奇妙的长安城 数学
历险记②

刘毅　杨振兴　著

U0220567

人民日报出版社
北京

图书在版编目（CIP）数据

奇妙的长安城数学历险记 / 刘毅，杨振兴著. —北京：人民日报出版社，2020.9

ISBN 978-7-5115-6517-4

Ⅰ.①奇… Ⅱ.①刘… ②杨… Ⅲ.①数学－青少年读物 Ⅳ.①O1-49

中国版本图书馆CIP数据核字（2020）第157613号

书　　名：奇妙的长安城数学历险记
　　　　　Qimiao de Chang'ancheng Shuxue Lixianji

著　　者：刘　毅　杨振兴

出 版 人：刘华新
责任编辑：王慧蓉
插　　图：刘晓筱

出版发行：人民日报出版社

社　　址：北京金台西路2号
邮政编码：100733
发行热线：（010）65369527　65369846　65369509　65369510
邮购热线：（010）65369530　65363527
编辑热线：（010）65369844
网　　址：www.peopledailypress.com
经　　销：新华书店
印　　刷：大厂回族自治县彩虹印刷有限公司

开　　本：880 mm ×1230mm　　1/32
字　　数：210千字
印　　张：10.75
印　　次：2020 年 11 月第 1 版　　2020 年 11 月第 1 次印刷

书　　号：ISBN 978-7-5115-6517-4
定　　价：42.00 元（全二册）

目 录

弄巧成拙

　　李淳风本想拒绝，因为不管是从礼仪上来说，还是按年龄来说，韩氏兄弟都没有向鹿鸣等人挑战的道理。只不过鹿鸣并不害怕挑战，反而有些跃跃欲试。妙真则希望鹿鸣能教训一下韩氏兄弟，让他们不要这么目中无人。至于程俊和狄仁杰，都非常相信鹿鸣和妙真肯定能解决韩氏兄弟的所谓"难题"。

　　既然如此，李淳风便不再阻拦此事，他有自信。即便鹿鸣和妙真等人解决不了，他也能帮着解决。

　　韩氏兄弟本来还担心对方不接受，没想到几个小孩不知天高地厚，竟然答应了。二人相视一笑，从座席上站起来，假模假样地点头致意后说道："既然几位少年英杰信心十足，那我兄弟就不客气了。"

　　韩文吉出的题如下：

　　韩氏兄弟家乡所在的东海国首都，城里有三大家族，分别是金家、韩家和泉家。三大家族定期举办聚会，每次聚会都有

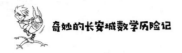

家族子弟以舞蹈进行对决。今年的比赛与往年有所不同，三大家族派出的选手都是姐弟组合，而且为了公平性和观赏性，规定了以下条款：

甲，姐弟二人不许搭档。

乙，同性之间也不许搭档。

丙，为了保持悬念，姐姐以姓氏叠字为代号，弟弟不用姓只用名。

赛程以抽签来决定：

第一场是金金和义 VS 泉泉和顺。

第二场是泉泉和钟 VS 金金和韩韩的弟弟。

第一个问题：三位姐姐的弟弟分别是谁？

第二个问题：韩韩的弟弟是谁？

问题说完，韩文吉得意地环视一圈，这才志得意满地坐下，美滋滋地端起玉杯抿了一口浊酒。韩文俊则轻轻点头，对鹿鸣等人说道："令兄弟们为难的题目就是这样，请诸位作答吧。"

鹿鸣听完大失所望，还以为是什么天大的难题，没想到竟然是这种基础推理题。他向李淳风借来纸笔，在纸上画下了一个表格。

	金金	韩韩	泉泉
义			
顺			

续表

	金金	韩韩	泉泉
钟			

鹿鸣画完了表格之后解释道："画'○'的代表抽签中的组合，也就是这两人绝对不是姐弟关系。你们看，泉泉和顺还有钟都组合过，说明这两个都不是她的弟弟，于是我们可以得知，她的弟弟叫泉义，因为他们不能搭档，因此我们以×来表示。"

	金金	韩韩	泉泉
义	○		×
顺	?		○
钟	?		○

鹿鸣在表格上相应的格子里画下×之后继续说道："那么我们根据已知条件可以得出，既然义是泉泉的弟弟，就不可能是其他两个姐姐的弟弟。因此，我们在韩韩与义交叉的这一格画上一个'○'。

"接下来，我们注意第二场，金金和韩韩的弟弟，对战的是泉泉和钟。那么我们可以得出一个结论，韩韩的弟弟必然不是钟，这里又可以画一个'○'。剩下的结论就很明显了，韩韩的弟弟叫顺。"

鹿鸣在顺与韩韩交叉的格子里画上×，然后说道："现在已经有了两个答案，那么最后一个也就呼之欲出了，显然金

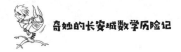

金的弟弟就是钟。"

	金金	韩韩	泉泉
义	○	○	×
顺	○	×	○
钟	×	○	○

现在表格里的所有信息都补充完毕，在场的任何一个人都能看出韩氏兄弟的所谓"难题"已经被解出来了。

程俊最喜欢这时候出来表现，他站起来抢答道："我知道了！韩韩的弟弟叫韩顺。三位姐姐的弟弟分别叫金钟、韩顺和泉义。"

韩氏兄弟脸色十分难看，他们没想到在本国有一定难度的题目在这几个小孩手里竟然这么快就被解开了，导致他们十分被动。刚才吹的牛皮，瞬间就被戳破，仿佛几个巴掌狠狠打在脸上，韩氏兄弟不禁觉得脸上有点发烧。

李淳风颇为开心地捋着胡子，对这个结果也没有太过于惊讶，因为东海国地处偏远，其国的算学水准并不高。这兄弟俩目中无人，在本国没有遇到对手便开始傲慢自大，现在算是被人当头一棒，应该能清醒几分了。

妙真大概也属于比较失望的一类，因为她觉得这种题目就算是她也能答出来，基本上没有什么难度。

看到几个小孩喜笑颜开的样子，韩氏兄弟非常难受。韩文俊不甘失败，决定再出一道题为难一下他们，他站起来先叉手为礼，然后说道："不愧是道之先生都夸赞的少年英杰，真是后生可畏。我这里还有一题，不知这位郎君敢不敢继续作答？"

历史足迹

叉手礼为两手交叉抱拳，是唐朝盛行的一种恭敬姿势。唐朝叉手礼的行法是两手交于胸前，左手握住右手，右手拇指上翘。柳宗元的诗"入郡腰恒折，逢人手尽叉"说明叉手礼成了当时社交的常用礼仪。

安阳唐代赵逸公墓中出土壁画中的叉手礼

鹿鸣正是初生牛犊不怕虎的年纪，而且喜欢挑战，当即说道："有何不敢？请出题！"

韩文俊大喜，假惺惺地夸奖两句，接着说道："这道题是当年我师父曾经拿来考我的，现在我拿来考你，希望你能像我当年一样答出来。"

妙真听着皱起了眉头，她感觉这个韩文俊比韩文吉更阴损，话里话外都占着鹿鸣的便宜。

鹿鸣并不在乎这些，他对题目本身更有兴趣，韩文俊的题目如下：

用一、二、三、四、五这五个数字，组成100以内的质数，要求每个数字都要用到且只能用一次，那么一定会出现的数是哪个？

　　这个题目初看起来似乎挺复杂，能够被组合出来的数不少，但若是仔细分析就会发现其中有一些没有明说的限制。

　　程俊和狄仁杰算不清楚不敢说话，妙真感觉到了这个题目里似乎有一些小陷阱，但还没有完全想清楚。鹿鸣对这个题目不能说失望，但也没有感到惊喜，因为他没觉得很难。

　　其实鹿鸣已经想到了答案是什么，但他刚才已经答出了一个题目，总不好让朋友们一直看他表现，因此他想着怎么提示一下朋友们。

　　很快他就想到了一个办法，那就是上午还在玩的卡牌。当初为了做卡牌，桑皮纸裁好的卡牌做得比较多，剩下一些空白卡牌，鹿鸣决定用这些空白卡牌来帮助朋友们想到答案。

　　鹿鸣先从妙真那里要来了五张空白卡牌，又拿出毛笔在空白卡牌上分别写下五个数字。然后他把卡牌摆在桌上，对三位朋友说："好了，现在五个数字就摆在这里，你们可以随意组合，试试哪个数是一定会出现的。来吧！"

　　鹿鸣这个办法较为直观，引起了朋友们的极大兴趣，连李淳风都凑过来看热闹。程俊性急，先拿纸牌组合了几个，但其中有几个都不是质数。狄仁杰没有急着动手，他仔细考虑了一阵这才说道："不对，十一郎你有个地方没想到，你看'四'这个数字，肯定不能放在个位，不然就不是质数了。"

妙真同意狄仁杰的说法，同时又进一步指出："'四'不但不能放在个位，就算是放在十位，个位搭配的数字也有限制，只能是'一'或者'三'，而'二'和'五'都不是质数。"

程俊恍然大悟道："也就是说，按照题目要求，必然要有'四一'或者'四三'出现？"

妙真已经猜出了答案，她点头道："没错，现在就是确定哪个数是一定会出现的。"

狄仁杰拿起纸片，把"四"和"三"丢到一边，随意组合着"一""二""五"这三个数字，他很快发现问题所在，说道："不对，你们看，如果假设'四三'是正确的，那么剩下的数字里'一'不论怎么组合都不能成为质数！"

一和二或五组合，不论怎么组合，两个数字加起来都是三的倍数，这意味着这个数能被三整除，所以它必然不是质数。

程俊说："这样一来，只有一个答案，就是'四一'了。"

狄仁杰比较细心，他决定验证一下，将写有"二""三""五"的纸片拿来尝试组合："'二五'是不行的，'二三'可以，'五三'似乎也可以，'二''三''五'单独都是质数。"

程俊也看明白了，说道："那这个答案就没错了，一定会出现的就是'四一'！"

说完，程俊看向韩文俊，冷笑一声问道："怎么样？答对

韩氏兄弟"得意扬扬"地出题刁难鹿鸣等人

了吗？"

韩文俊十分失望，没想到他们竟然这么容易就解决了，想当初他花了两天时间才琢磨明白呢，真是气死人。韩文吉看弟弟不说话，便出来打圆场，说："几位少年英杰聪慧过人，我兄弟万分佩服。今日本打算向道之先生请教，但天色不早，我兄弟暂且告退，待有空再来。"

这兄弟如此表现让鹿鸣有点儿生气，说来就来，说走就走，莫非咱们几个人就是让你们兄弟随便考验的吗？来而不往非礼也，鹿鸣决定也弄个题目刁难一下这两兄弟。

"且慢！刚才两位都出了题，让我们长了见识。我大唐热情好客，所谓来而不往非礼也，岂能让两位客人空手而归，我也出一道题给你们，不知两位敢不敢解答？"

韩氏兄弟哪能说不敢，只得硬着头皮答应。

鹿鸣嘻嘻一笑，说："请听好。有三堆铜钱，分别有23枚、15枚和43枚，每次从任意两堆铜钱中各取一枚放到剩下的那堆铜钱中。请问，需要进行多少次操作，才能使得三堆铜钱都是27枚？"

韩氏兄弟听完题目开始计算，他们死要面子，不肯动笔，只肯心算，却半天算不出结果。妙真、狄仁杰和程俊也在窃窃私语，讨论这个题目的答案，还故意躲着韩氏兄弟，避免给他们提醒。

只有李淳风很快想到了答案，他露出一个了然的微笑，笑着伸出手指点点鹿鸣。看到李淳风的动作，鹿鸣也露出一

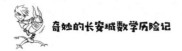
个微笑，又摇摇头做了个"嘘"的手势。

过了一会儿，看到韩氏兄弟还没解开谜题，鹿鸣有点不耐烦了，他不想把时间全浪费在这两人身上，于是说道："两位客人，不用着急，你们可以回去之后慢慢想，想到答案再来也不迟嘛。"

这算是给了韩氏兄弟一个台阶，他们连忙起身告辞，礼仪上还是与来时一样周到，但心境却截然不同了。

杜博士小课堂

逻辑推理

在小学的数学思维培养中，有这样一类不像数学问题的题目，往往并不需要太多的计算甚至无须计算，但要求我们认真仔细地思考、分析、推理得出正确的答案，我们称为逻辑问题或逻辑推理。解答这样的题目，没有现成的公式、固定的方法，仅依靠我们严谨而敏锐的思维，厘清各条件之间的关系，分析并排除一些不可能的情况，去伪存真逐步排查直到找到正确的答案。

这类题目虽无固定的方法，但同一思维判断下要么是对，要么是错，没有模棱两可。所以在这个题设前提下大体也有一些规律、方法可以帮助我们简化思维去更好地排查题目中繁多的条件。如：

1. 矛盾法

在同一个具体的情境下，如果两个结论是对立的，那么其中无论真相如何，两个结论必然是一个正确一个错误。如：A

说B吃了最后一块巧克力，B说他没有吃。两人的结论同指一件事情，且相互矛盾对立，那么无论B有没有吃最后一块巧克力都只有一人所说为事实。

2. 假设排查（除）

当问题的可能性很少，甚至只有非黑即白，不是A就是B，那么不妨任意假定一个结论。然后依照这个结论，进一步推理、判断直到找到矛盾说明假设不成立即可排除这个可能，从而重新假定另一个结论方向，重复刚刚的推理……如在此结论下满足所有已知条件，则该假设必然为唯一成立的结论。

如故事中韩文俊所出题目：

"用一、二、三、四、五这五个数字，组成100以内的质数，要求每个数字都要用到且只能用一次，那么一定会出现的数是哪个？"

我们知道质数中的偶数有且只有2，所以作为5个数中最"特殊"的4一定不能在个位，只能做十位数，那么与它的组合就只能是41或者43，哪个会一定出现呢？既然只有两个可能那不妨一一假设验证下即可。假设一定出现的是43，那么剩下1、2、5这3个数字，1自己不是质数，而与2或5任一组合又一定是3的倍数（不是质数），这就与题设产生了矛盾，所以排除43这个可能。接下来要验证41这个可能，剩下的2、3、5各自都是质数，又可以组成23与5的可能，甚至53与2都满足题设。即一定会出现的数必然是41。

这种假设排查（除）的方法甚至在更高的学术领域也占有至关重要的地位，如广为应用的"反证法"。如要证明a不大于b，那么不妨在假定$a<b$的情况下推出矛盾（不成立）即可。

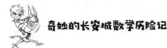

3. 表格法

表格法是一种方法，更是一种工具。画出表格可以将错综复杂的条件关系（条件繁多时我们很难记得住）更直观且更有条理地展现出来，让矛盾更容易被发现，所以可以更好地排查一些不可能的情况。当然，其中的逻辑依然依托于矛盾法、假设排查（除）等方法。

如我们故事中韩文吉所出的题目，"姐弟二人不许搭档""同性之间也不许搭档"，告诉我们谁是姐弟我们都不一定记得住，何况仅仅是两场舞蹈对决就要我们准确判断出三对姐弟。而表格法完全可以将我们得知不多的条件整合起来，并展现出更多的"背后信息"。

	金金	韩韩	泉泉
义			
顺			
钟			

这样将姐弟的姓、名行列区分开来，方便找出姐弟关系的同时也满足"同性之间也不许搭档"这一限制条件，可谓一举两得。我们不难得出一个结论，在这张表格中，每行每列有且只有一个正确的交集。古人的思维也是"奇特"，用"○"来表示已经发生的事实，那因"姐弟二人不许搭档"，自然这"○"也就成了我们否定的标记，而推理出的否定结论也可以用"○"来标记。所以表格中每行每列有且必有两个"○"可标记。我们不妨先将两场比赛确定的信息填入。

	金金	韩韩	泉泉
义	×		
顺			×
钟			×

这样自然看到泉泉一列已有两个"○"，那么泉泉同义自然为姐弟。尊重鹿鸣的小叛逆，竟然在我们要的结论上打"×"（当然他想表达的是他们不会组队），与此同时泉泉自然就不可能是义的姐姐了，我们也迅速地在他们的交汇位置画"○"。

	金金	韩韩	泉泉
义	×	×	○
顺			×
钟			×

现在剩下的可能性就只有两个了，用假设排查（除）随随便便即可推出，而故事中鹿鸣更是用"金金和韩韩的弟弟，对战的是泉泉和钟"这一场对决名单，抓住韩韩弟弟的"唯一性"直接锁定对战组合中的弟弟钟不是韩韩弟弟进而直接推理出正确的答案。（在韩韩与钟交汇的位置画"○"。）

	金金	韩韩	泉泉
义	×	×	○
顺	×	○	×
钟	○	×	×

这样直观地将条件及推理信息视觉化，是不是更容易更直观地厘清了条件关系，找出矛盾进而快速得出结论呢？

第二十章

真假公主

　　韩氏兄弟狼狈而走，鹿鸣反而没觉得有什么成就感，主要还是因为这兄弟两人出的题都不太难。而他自己出的这个题呢其实也不算难，主要是利用了一个常见的心理陷阱。

　　虽然韩氏兄弟没有解答出鹿鸣的题目，但妙真、狄仁杰和程俊都对答案很感兴趣，他们仨还在一起讨论这个题目。

　　程俊比较实在，他很老实地按照三的倍数在计算："这三个数里，有一个15枚可以被3整除，三堆铜钱加起来一共81枚，也可以被3整除，看起来好像有门。"

　　狄仁杰总觉得哪里不对，但他凭空想不出，于是从钱袋里拿出一些铜钱，开始实际操作。

　　妙真没有去看狄仁杰的实际操作，她能看出这道题肯定有个点没找到，实际操作说起来简单，但不是所有的题目都能实际操作，下次再遇到一个数字超大的怎么办呢？也要找一大堆铜钱去一个个数吗？那简直丢人，出门都不好意思说自己懂算学。

　　就好像鹿鸣常说的那样，遇到数学之谜，首先要找规律，不能抱着单纯解决眼前难题的想法。要从更高的视角来看待，每个难题就好像一把锁，肯定有一个相对应的钥匙，找到钥匙必然事半功倍。

他们三个忙着解题，李淳风却找鹿鸣闲聊起来："鹿郎君，不知你的算学师从何人？"

鹿鸣犹豫了一阵，他本想说是学校老师，但又不会用唐朝的话来形容。当然鹿昆也教过他，但爷爷在唐朝怎么称呼，当初狄仁杰说过，他却没记住。

看到鹿鸣犹豫，李淳风还以为他不愿说，笑道："鹿郎君无须为难，若是不便言说，且当我没问。"

鹿鸣觉得很不好意思，连忙说道："并非如此，只是不知该如何形容。我最早是从长辈那里启蒙，后来跟随专门教算学的老师学习，道之先生能理解否？"

李淳风相当聪明，善于举一反三，虽然不是很明白个别词语，但整句的大概意思听懂了。他点点头，又问道："能听懂。鹿郎君所言，你有专门教算学的老师，莫非还有别的老师教些什么？"

鹿鸣答道："是的，除了算学之外，还要学文、理、德、乐，除此之外有运动课，还要学一门外国语。"

他说的都是小学课程，除数学之外，还有语文、科学、思想品德、音乐、体育和外语。

李淳风十分惊讶，据他所知，一般的田舍人家，最多就学个文，能接触到算学的都是大家族和官宦子弟。而这种世家的私塾里，也不会教这么多东西，别说一门外国语，就是乐，也很少有老师会教。

如今的大唐是相当开放的，与周边很多国家都有交流，同时长安也是国际化程度很高的城市，有大量的外国人来往、定居，因此外国语老师也不是找不到，但专门为族中子弟请外国语老师就很少见了。

早在周朝时，当时的贵族子弟就要学习"六艺"，即礼、乐、射、御、书、数。但历经千年的变化，其中很多东西都已经不在标准课程之内，目前大唐学习得最多的还是诗词歌赋和先贤的经书，都能归类在"书"这一项内。

大唐虽然开设了明算科，但从总体上来讲并不重视，李淳风深知这一点，可他也无力改变这个现状。因此李淳风听到鹿鸣学得这么复杂，顿时就深为敬佩，他还以为鹿鸣出自哪个大世家，不然哪来这么多老师给他上课，还教一些普通世家都不会教的课程。

至于大唐并没有姓鹿的世家也不奇怪，李淳风认为鹿鸣这个名字多半是化名，是世家子弟出门游历的特殊要求，毕竟《诗经》的这句"呦呦鹿鸣"可是读书人都知道的名句。

随着"误解"的加深，李淳风对鹿鸣更有兴趣了，两人聊的内容也开始向算学转去。

可他们还没聊多久，一旁的狄仁杰就发现不对了，他自言自语说："不对啊，我怎么觉得按鹿郎君的要求，这个题是无解的？"

　　狄仁杰是拿着几堆铜钱在逐步尝试，开始还没发现问题，但随着运算步数增多，他发现似乎哪里不对。程俊听到狄仁杰的自言自语，凑过来看看，抓抓脑门说道："咳，实在不行的话，俺们就问问鹿郎君吧。"

　　程俊放弃得最快，这也跟他觉得自己不是这块料有关，李淳风笑着摇摇头，示意鹿鸣去解释一下。

　　鹿鸣走到狄仁杰身边，对小伙伴们笑着说："你们其实早就意识到了。没错，这个题是无解的，根本就不可能达到每堆27枚的结果。"

　　程俊连忙问道："对对对，俺最开始就有这个感觉。但这是为什么呢？"

　　听到鹿鸣说的话，狄仁杰丢下手里的铜钱，好奇地说："是啊，我也有这种感觉，但找不到理由。"

　　妙真这会儿慢悠悠走过来，伸手示意鹿鸣不要说，她俯身拿起两枚铜钱，放在另一堆里，这才说道："其实我们都做到了这一步，每次操作，都会让这三堆铜钱中的两堆分别减去一枚铜钱，然后剩下的一堆会增加两枚铜钱，这个操作是固定的，只不过对象在变化。需要研究的就是这个操作能不能达到目标。"

　　鹿鸣很高兴妙真能发现这个秘密，他笑着鼓励道："对的，这个思路是正确的。然后呢？"

　　妙真又重复了一遍刚才的操作，然后说："这边两堆都减去一，那边一堆加上二，这两者之间就有三枚铜钱的数目变化，我们现在要做的就是不断地进行这样的数目增减，看看最后能不能达到目标。为了避免太多的铜钱干扰我们的计算，我认为必须将铜钱的数目削减下去。"

妙真把桌面上的散碎铜钱拨开，从怀里拿出算筹开始计算，同时嘴里解释道："我的想法是，把这三堆铜钱的数字都除以3，这样就可以得出最低限度的铜钱数量，也就是说我们操作的目的是把三堆铜钱的数目调整为同样的数目。"

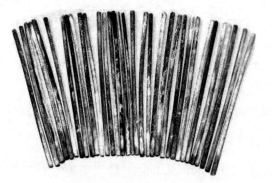

中国古代计算工具——算筹

妙真在桌上认真地摆弄着算筹，很快就计算出结果，23除以3余数为2，15除以3除尽余数为0，43除以3余数为1。

到这个地步，狄仁杰、程俊都看出来了，最后还是程俊抢答道："啊！俺懂了！这样看来，不管怎么操作，这三堆铜钱最后的余数还是0、1、2，根本不可能达到数目相同的程度。"

"没错！就是这么回事。"妙真笑着丢掉手里的算筹，

转头看向鹿鸣。

鹿鸣也高兴地点头回应道："不错不错，就是这么回事，这个题实际上是无解的，只不过在最后询问时故意改变了问话的方式，显得好像真有解法似的，谁叫那兄弟俩都没看出来呢。"

"你小子够阴险，我喜欢！哈哈！"说这话的自然是程俊这家伙，搂着比他矮一头的鹿鸣哈哈大笑。

等他们闹了一会儿，李淳风下属的画师也应召而来，呈上了他按照鹿鸣口述内容画好的杜若画像。鹿鸣看了之后要求画师做了一些改动，画师当即就按照要求重修改了一幅。

这幅画让鹿鸣比较满意，但传看时引起了妙真的疑惑。她拿着画看了又看，妙真的这个举动引起了其他人的注意。

狄仁杰问道："请问，有何不妥吗？"

妙真摇摇头，看到其他人都看着这边，犹豫片刻这才说道："这幅画让我想到了一个人和一段传言，但我不敢保证此事为真。"

鹿鸣十分好奇，于是说道："说嘛，真不真的也没人怪你。"

妙真放下画轴，看了看画师。李淳风当即让画师退下，又让伺候的下人出去把门关上。

待室内只剩下这么几个人，妙真这才再度开口道："想必你们都听说过晋阳公主。"

其他人都点头，只有鹿鸣一脸迷糊。

妙真没好气地说："晋阳公主是皇帝陛下与文德皇后之女，聪慧过人，性情温和，陛下对她极其宠爱。文德皇后去世后，陛下将其带在身边，她与太子殿下关系也很好。可惜，天不假年……"

晋阳公主李明达，深受唐太宗李世民及长孙皇后的喜爱，她的封地晋阳是李唐起家之地，可见她的受宠程度。贞观十年（636），长孙皇后离世，李世民悲痛之下决定亲自抚养皇后留下的一双儿女，这就是当时还尚为晋王的李治和晋阳公主李明达，之前从来没有发生过这样的事。晋阳公主也是有史可考以来，唯一一位被皇帝亲自抚养的公主。

李明达从小和父皇以及皇兄李治相处，与后两者的关系非常深厚，但随着年岁增长，她逐渐感受到缺失母爱的滋味。李世民常带她出行，每到一地都会讲起与长孙皇后的故事，李明达听后常常因想念母亲而偷偷哭泣。

李明达与李治的关系非常好，随着年岁增长，李治常常要离宫办事，每次李明达都会送到门口依依惜别。她在大臣眼中也十分完美，因为唐太宗李世民有时候会大发脾气，以前都是长孙皇后劝慰他，现在只有李明达能且敢这么做，因此大臣们都很感激她。

可惜的是，李明达十多岁就因病去世了，据说唐太宗因痛失爱女多日无法上朝，更是有将近一个月吃不下饭。太子李治也非常痛苦，他亲自督办给妹妹营造陵墓，还按父皇的命令为妹妹建造了佛寺祈福。

这些事情在座的除了鹿鸣都知道些许，程俊着急地问道："你说的俺都知道，可这跟画像又有什么关系？"

妙真摇摇头叹着气说："就在几个月前，有传言说宫中突然多了一位公主，年岁与晋阳公主相近，连相貌也十分相似。我先前还以为是谣传，可上次去宫中，确认了这个消息。"

"你见到她了？"狄仁杰低声问道。

妙真答道："不曾见到。我去宫中时，陛下已至洛阳，太子殿下奉命监国，与这位公主也去了洛阳，自然没有见到。"

鹿鸣心里有点猜测，道："这么说，你觉得这张画像与晋阳公主神似？"

妙真点头。

室内一时沉默起来，过了一阵，李淳风主动打破了沉默，说："据吾所知，太子殿下不日将返回长安，想必那位公主也会跟着回来。陛下如今尚在辽东，长安已经快要入秋，辽东入冬早，粮草转运不济，可能会提前班师回朝，待明年再行讨伐。"

这个消息让诸人精神一振，若果真如此，那说不定还能见到这位神秘的公主，到时候就让鹿鸣看看是不是他要找的那个人。

构造法趣题巧解

在加德纳的多元智能中，Logical-mathematical Intelligence 被翻译为数学/逻辑智能，也有人翻译为数学逻辑智能。无论哪一种翻译的名称，都印证"数学的本质即逻辑"。

除了我们常见熟识的逻辑推理问题，另有一类综合性趣味杂题没有既定方法解答，需要根据题中某些特点、性质，从一个独特的角度去观察分析，抓住条件与结论之间的内在联系，用自己的数学能力去构建方法、模型来解答、证明。灵活运用已学知识，观察归纳、演绎推理，把实际问题转化为数学问题去诠释、解读显然是逻辑的体现、能力的证明。同时，敏感地找到并抓到问题的关键，锁定解题突破口，将思路迅速地向正确的方向展开必然令人兴奋、快乐，进而对数学产生更大的兴趣。

故事中鹿鸣"腹黑"的题目"有三堆铜钱，分别有23枚、15枚和43枚，每次从任意两堆铜钱中各取一枚放到剩下的那堆铜钱中。请问，需要进行多少次操作，才能使得三堆铜钱都是27枚"显然便是这样一道趣题。结合条件同目标结论来看，铜钱总数没变，每次操作过后每一堆铜钱的个数又可以一枚一枚地增加，或者两枚两枚地减少，这样操作起来似乎被分到一次也就可以减少一枚，问题好似完全可以解决。顺着这个思路，大多数人一定会让最少铜钱的一堆先慢慢多起来（接近27枚）……

顺着这个思路，快速操作并记录几组数发现似乎有什么不太对的地方，再试下去便开始怀疑起来，可看看记录的数又没有错误。会不会是一个无法完成的操作？

真相往往是从怀疑中产生。怀疑之下我们自然会尝试换个思路，将事实的本质从满是欺诈性的表象中剥离开来。数字是不会骗人的，再次观察我们记录的数，冷静下来发现，从一堆拿走2枚铜钱，分给另外两堆各1枚，那么减少的一堆和增加的两堆任一堆铜钱的差必然缩小3枚。我们离真相显然更近了！

我们进一步将原三堆铜钱数除以3，取它们的余数得到2、0、1；再看操作记录下的结果，发现仅是余数的顺序产生了变化，而余数依然是0、1、2三种情况。再对应刚刚想通的操作过程，每次操作减少的一堆和其他两堆的差值变化为3，那么它们的余数改变但分布依然是0、1、2，分布也就对应上了。综上，显然无论多少次操作都无法完成目标——三堆27枚铜钱，即余数为0、0、0的情况。

感慨鹿鸣腹黑的同时，也不禁感谢他的题目带我们一同见证了数学之美，感受了构造解谜之趣。所以锻炼自己善于抓住问题关键的思维模式，不仅与学好数学相辅相成，更可以在挖坑炫耀的小伙伴面前低调地反击进而惺惺相惜促进友谊，让原本就亲密无间的关系更进一步，大家共同进步哦。

这样趣味多多、益处多多的思考是不是多多益善呢？第二十三章还有更好玩、更有趣、更复杂的谜题等着你一同破解。仔细阅读，留意细节，跟鹿鸣一起做关键性思考，你也能成为福尔摩斯。加油！第二十三章的谜题破解，细节知识我们之前的故事中可是都讲过的哦。

程俊挨训

从李淳风家离开之后，小伙伴们进行了分工。鉴于出现了新的情况，去大街上贴画像的计划暂时停止了，为了稳妥起见，等妙真当面确认了新公主与画像的相似程度再说。

妙真的任务就是依靠她的人脉关系，打听太子殿下与新公主何时回京。虽然程俊打心底里怕见程知节，但为了朋友也豁出去了，打算今晚就找程家老大人打听太子回长安的时间。

狄仁杰暂时帮不上什么忙，但他第二天也会去他祖父那边打听情况。反倒是鹿鸣明天无事可做，正好他的伤还差一点痊愈，待在宅子里休养也不错。狄仁杰派了狄黄陪着他。

话分两头，先说程俊这边。

程俊骑着枣红马回到怀德坊程府。程府是按国公府的规格建造的，唐太宗李世民下旨特许程府可以在坊外开一处大门，这可是宰相才能享受的待遇。程家府院的院墙由黄土夯成，外涂白漆，正门有飞檐重楼，华丽气派，红色大门上有铜头圆钉与兽嘴衔环。进门便是一处大院子，可供来客停放马车或马匹，院子靠门处建有一处阁室，也就是门房。

与看门人打过招呼，程俊将枣红马交给马倌，快步跑入二重门。过了二重门就是正院，正院一般用来召开宴会或者接待宾客，此时正是落日时分，这里人影寥寥，只有几个洒水清扫的仆役在活动。

有个管家正在督促仆役做事，看到程俊过来，叉手道："十一郎回来了，可要用膳？"

程俊肚子确实饿了，但他心里记着事儿，还是先问道："先不急，大人可曾归家？"

管家答道："老爷刚使人来通知，说今日要视察军营，晚些回家，十一郎若是有事，不妨先用膳，到阁楼等候。"

程俊觉得管家说得有理，先去吃了晚饭，然后到内院。

水池边建有一处透空阁楼，第一层仅以圆柱支撑，第二层四面通透，挂上纱帘之后就是夏日避暑的好地方。

此时天刚擦黑，阁楼上只有三五个女仆待命，见到程俊来了，便点起了两座烛台，又询问程俊是否需要茶饮。程俊在阁楼等了一个多时辰，终于见到院门处有人打着灯笼带人过来，后面膀大腰圆、龙行虎步的正是卢国公程知节。

程知节到家后换了一身便服，吃完了晚饭，打算来阁楼消暑。他上楼之后看到幼子程俊在座，就猜到这小子肯定有事，于是也不着急，坐下之后不主动发问。

还是程俊忍不住，主动问道："父亲，今日拜访道之先生，曾听言辽东战事将歇，可有此事？"

程知节手执酒杯，抿了一口热乎乎的浊酒，闭着眼睛说："十一郎你打听这个做甚？"

程俊笑道："此事说来话长，吾还听闻，晋阳公主……"

他话未说完，程知节"咚"的一下将酒杯蹾在桌上，瞪着铜铃般的大眼，手指戳着程俊脑门说道："谁给你的胆子？什么事都打听！嗯，是谁人唆使？讲！"

程俊被戳得莫名其妙，他不敢抵抗，只好低着脑袋说："儿近日与怀英同行——有怀英之友唤作鹿鸣者，后又认识景云女冠观的妙真，俺们这几日都在一块儿玩耍。便是妙真女冠提起这事，不曾有人唆使，父亲明鉴。"

程俊与狄仁杰是同学，因性情相投便常在一起玩耍，这一点程知节是知道的。但刚才听到鹿鸣和妙真的名字感到有些诧异，他收回手问道："你好好说说，这个鹿鸣与妙真是什么人？"

程俊讶异地抬头说："父亲不知？那妙真是窦家那谁与……"

程知节一拍脑门，打断了程俊的话说："想起来了，是永嘉公主的女儿啊……呵呵，你们怎么碰到一块儿的？"

程俊把事情简单说了一遍，隐去了自己被小丫头打倒的片段，只说鹿鸣解开了小女冠提出的难题这才放他们离去。

程知节捏起酒杯，不爽地说道："混账小子，又逃学！罢了——今日不追究你这些破事，你再说说你们怎么谈起晋阳的。"

程俊从头说了一遍，包括鹿鸣找人，一访李淳风，二访李淳风，与韩氏兄弟的争端，画师作画像引出妙真谈晋阳公主等事情。

程知节早已喝空杯中酒，却一直捏着酒杯，听完这些经过，他也长出一口气道："你虽不爱进学，却有俺们老程家一贯的好运气——能遇到这些聪慧的朋友。"

程俊不知老爹为何突然如此说，只好唯唯诺诺，程知节看他一眼，摇头道："你小子这辈子也就只能当个冲锋将军。"

程俊嘿嘿笑："若如此，也不虚此生。"

程知节道："太史丞所言不差，今上即将班师回朝，太子也要回京，你所言那位公主多半也会跟过来。三个月前，我也曾听说过此事，当时未曾在意，没想到并非捕风捉影。若是此公主真为鹿鸣所寻之人，十一郎你有没有听说他会怎么做？"

程俊摇头。

程知节沉吟片刻，俯身说道："十一郎，你听好了，这件事关系重大，若是那鹿鸣有对太子的不轨之心，你要临机决断，或派人速速通告于我，或当即阻止，听懂没有？"

程俊惊讶地说："不会吧？鹿郎君不是那般人！"

程知节捋着胡子说："如今陛下不在长安，不知有多少心怀不轨之徒蠢蠢欲动，难保没有亡命之徒铤而走险，为父身为左屯卫大将军，身负长安防卫之责，不可不防。太子殿下乃国之社稷，若有失，则天下震动，为父也将罪无可赦，汝亦不能置身事外。"

程俊十分不解地问："既然父亲担心此事，那等太子与鹿鸣相见时拱卫在侧，不就万无一失了吗？"

程知节一愣，顿时下不来台，伸手拍向程俊脑门，佯怒道："还顶嘴！下去好好背书，再敢逃学打断汝狗腿！"

程俊落荒而逃，嘴里嘀嘀咕咕。程知节也不理他，自顾自倒酒，又抬头看向头上明月，低声说道："多事之秋啊。"

五天后，众人再度聚首时，妙真那边打探到了太子返京的具体日期，就在两天后。狄仁杰没有打听到什么，只知道新的公主封号尚未确定，但一应待遇皆与晋阳公主在世时没有差别。

两日后，是太子预定回京的日子，众人早就做好准备，在狄仁杰家集合一起吃早饭。鹿鸣的伤彻底好了，他今日便骑火骝马出行。

太子回京的仪式肯定不如皇帝回京那么隆重盛大，但规模也不会太小，计划是从春明门入长安，经东市，绕崇仁坊沿着皇城外墙，至凤凰门入东宫。

鹿鸣等人选择旁观的地段在平康坊一段，这里靠近东市，是最热闹的地段之一。在坊门未开之前，已经有左屯卫的士兵做好了警戒线，大街两侧每隔一段距离就有一名甲士，同时街道上还有骑兵巡视。在坊门大开之后，有专人洒水净街，张挂彩绸。

太子浩浩荡荡回京，鹿鸣试图启动手环寻找杜若

由于太子回京，不但左屯卫大举出动，负责长安治安的金吾卫也到处都有，南衙禁军系统至少有五个卫在长安城内活动，城外还有三个卫严阵以待——万一有不长眼的人想作乱，这些大军手中的利器可不是玩具。

就在这种严肃与喜庆并重的气氛中，很快有名骑快马者从春明门进入，手举旗帜，重复高呼："太子殿下入长安！"

这人过去之后，便是先头骑兵入城，这些骑兵是仪仗性质，穿着亮银甲，举五色旗，马头还插着彩色羽毛。仪仗骑兵过后，是旗牌队，打着各色旗帜和木牌，上面写着太子的封号和名号。旗牌过后，才是车队，车队里最大最豪华的就是太子的座驾。太子车队后面是东宫属员的马队，然后才是护卫骑兵队。

饶是大家一同观察，也没有看到除了太子车驾之外，有哪辆马车像是公主的座驾。这让诸人感到十分奇怪，难道这位公主没有回京吗？

鹿鸣没有找到有可能是杜若的座驾，他尝试使用手上的手环，也没有发现信号，看起来今天是一无所获了。可当他失望地看向街道两侧时，却发现了曾经在马球场见过一面的那个突厥使者与韩氏兄弟站在一起，对车驾指指点点。

鹿鸣将火骝马交给狄黄，又简单地说了两句，这才从人群中挤过去。等他过去，突厥使者阿史那博庆与韩氏兄弟的交谈已经到了尾声，他说："太子回京，公主却不随车队，而是秘密进京，着实奇怪。"

听到这句话，鹿鸣稍微走了一下神，他想到：原来这个公主是秘密进京，难怪车队里没有。那即便是手环没有信号，也不能确认她就不是杜若。

韩氏兄弟中的韩文吉说道："却不知特勤对公主这么有兴趣，可是可汗欲与之结亲？"

鹿鸣吓了一跳，听到阿史那博庆回道："可汗未曾明言，但以我观之，似乎确有此想法。"

韩文俊说："那也不必非要指名，你应知晓，唐皇常以宗室女充任公主和亲，如文成公主。若尔等指名索要，则无异于激怒唐皇。"

韩文俊没明说的是，明摆着唐皇宠爱此公主，还要指名岂不是蹬鼻子上脸，又能得到什么好处？

阿史那博庆脸色愁苦。韩氏兄弟对视一眼，叉手道："我兄弟还有要事，且容告退。"

韩氏兄弟走后，阿史那博庆冷笑着低语道："东海小国，见利而忘义，干大事而惜身，真不足与谋。"

阿史那博庆站在原地又看了一阵，没有什么收获，转身离开。鹿鸣犹豫片刻，他觉得这个突厥人似乎对这位公主有什么企图，并非如他所说的那么正式和光明正大，他决定跟上去看看。

客栈中的秘密

　　阿史那博庆似乎并不像他表现的那么生气，离开了人群之后，走路的速度并不快。他先拐进东市，沿着大街走了一段距离，然后进入一家沽酒铺子。他买了一瓶浊酒，让店家用麻绳系好，拎在手上离开东市。

　　从东市西一门出去，走过平康坊与宣阳坊之间的街道，就到了务本坊与崇义坊之间的街道。这条街鹿鸣很熟，阿史那博庆在务本坊外停留了一阵，张望着务本坊里的某栋建筑，似乎在盘算什么。

　　等他走开之后，鹿鸣走到突厥人刚才站的地方往务本坊里看去，看到的正是景云女冠观的七重塔。

　　阿史那博庆继续向前走，经务本坊、兴道坊，穿过朱雀大街，又过了善和坊，向右转弯，直奔含光门。鹿鸣猜测这人是要回鸿胪寺的外国使团驻地，却不料阿史那博庆上了朱雀横街之后却又左转，经太平坊、延寿坊之后进入了西市。

　　进入西市之后，阿史那博庆没有去别的地方，直接进了西市东北角的邸。所谓邸，就是当时的客栈，西市和东市都有好几个类似的客栈，可供来往客商居住，也给那些逛街逛到夜禁开启回不了家的人暂居。

客栈的一楼也兼营酒食，阿史那博庆进入客栈之后与酒博士交谈了两句便上了二楼。鹿鸣站在客栈门口，摸摸钱袋，这才直接往楼梯走去。

酒博士看到鹿鸣这样的少年郎进来——以他的经验来看，不太可能是住店的，但还是迎上去问道："这位小郎君，是要用膳还是住店？"

鹿鸣在入店之前就想好了应对方案，他这个方案是从电视剧里学来的，于是抓出一把铜钱塞过去说："我上去先看看，你不用管我。"

酒博士一愣，想着这不合规矩啊，于是笑道："这位小郎君，本店有规矩，不住店是不能上二楼的。"

鹿鸣心想这办法怎么行不通啊，电视剧果然不靠谱，他指着楼上问道："刚才怎么有人上去了？他也住店吗？"

酒博士稍加回忆，便答道："是这样，那位是拜访住店的朋友，因此可以上楼。"

不就是要住店才能上楼吗，鹿鸣想了想说道："那我开个钟点房。"

酒博士没听懂，问道："何为钟点房？"

鹿鸣说："就是我暂时休息一阵，不需要住一天，根据时间长短付相应的钱。行不行？"

酒博士眼前一亮，这好像是个新的营业方式啊，这位小郎君虽然说话做事不怎么靠谱，但这个主意还是挺不错的。想到这里，酒博士当即说道："小郎君请上楼，我带你去看看房间。"

跟着酒博士上楼之后，鹿鸣发现这座客栈的二楼是个"回"字形结构，对面还有一道楼梯，应该是通往三楼。由于在楼下耽搁了一阵，现在已经看不到阿史那博庆的人影了。

鹿鸣跟着酒博士进了一间单人客房，面积不大，有床榻、矮方桌和烛台，有一扇窗户可以看到西市街上。酒博士介绍这间客房一天需要22文钱，若是只休息两个时辰，刚才那一把七八个铜钱也足够了。

虽然明显是贵多了，但鹿鸣不在乎，他琢磨着这会儿再去寻那突厥人怕是不容易，而且他认为酒博士不太可能通风报信，便问道："我前面上来那人的朋友是在哪间？"

酒博士听了这话，算是验证了他的一个猜测，笑呵呵地反问道："小郎君这是？"

鹿鸣决定编个故事来诈唬一下，于是说道："你知道今天是殿下入城的日子吧？我是从东市那边跟过来的。"

酒博士被这个突如其来的变故吓了一跳，先是唯唯诺诺，然后又想让鹿鸣出示身份。鹿鸣哪来什么身份，他吓唬酒博士说："你现在告诉我，我还给你点赏钱。要不然，我走了，就只能换左屯卫或金吾卫来了。"

酒博士不是特别相信，但也不敢赌，只是向鹿鸣说好话。鹿鸣为了取信，又向酒博士形容了程俊的衣着样貌和那匹枣红马，说："十一郎是程国公家的小儿子，你久在西市，应该见过，知道我所言不差，我与他乃是熟识，再不识趣我就真走了，等官兵来时，你莫要后悔。"

酒博士在西市做了十来年，当然见过程俊不止一次。不但如此，酒博士还听说过程俊赢得枣红马的故事，他现在才算相信了鹿鸣所说的，连忙赔罪，又道："小郎君所查那人，他的朋友在三楼雅居，我现在带郎君过去便是。"

在酒博士的带领下，鹿鸣跟着上到三楼，三楼的格局就不是"回"字形了，而是一条回廊，主要是为了兼顾隐私性。

酒博士上楼时便与鹿鸣说："小郎君少安毋躁，我带郎君入隔壁房间，郎君可在此稍歇，我去引出那两人，与郎君方便。"

鹿鸣有点不放心，问道："你要用什么借口引出他们？"

酒博士笑道："郎君勿忧，本店今日庆祝太子回京，选中他们赠予一桌酒席，这个借口不错吧？"

鹿鸣听完笑了，他怎么会让店家吃亏，当即拿出一枚黄豆大小的金粒递过去。酒博士推辞不过，只得收了小金粒，引鹿鸣来到隔壁房间。

两人进入房间便听到了隔壁隐约传来的声音，酒博士指指房间外侧的露台，两人又来到露台，听到的声音清楚多了。

突厥人那边房间里也是两个人，一个声音是阿史那博庆，另一个是较为苍老的声音。

两人谈论的似乎是长安的天气，但用词有些奇怪，似乎含有暗语。紧接着，鹿鸣听到阿史那博庆说："密匣安在？"

那老者道："要检视否？"

阿史那博庆说："可。"

然后又听到打开柜门的声音，拖动物体的声音，然后听到老者说："密匣在此，请。"

接下来，鹿鸣听到了一些咔咔咔的声音，就好像是电视剧里那种老式拨盘电话机的拨盘声，鹿鸣连忙看手环的时间，并默记每次咔咔声的秒数。这种连续的咔咔咔的声音总共响了六次，然后便响起了某种机关开启的声音。

鹿鸣对这个机关密匣很感兴趣，便示意酒博士开始行动。酒博士离开露台，前往隔壁房间，按照预先的台词邀请阿史那博庆与那位老者去吃酒。

等到两个突厥人跟着酒博士离开了房间，鹿鸣趴在门口看了看回廊上空无一人，迅速地跑进突厥老者的客房。

这间雅居与隔壁的布局大同小异，鹿鸣走进内室，看到桌上摆着一个长方形的木匣，看来这就是那个密匣了。密匣是密封的，长条形的侧面有一个转盘型的机关，上面刻有天干数，从甲、乙、丙、丁一直到癸，共十个数。转盘的指针停留在甲这头的空位上，鹿鸣试着拨动指针，发现指针指向某个天干数之后会自动回到起始空位上，这期间才会发出那种咔咔的声音。

鹿鸣本打算好好研究一下这个机关，却突然听到房间外有脚步声，他四下打量，发现无处可藏，只好躲到屏风后面。

很快脚步声就进屋了，鹿鸣听到走廊上有酒博士的声音说："客人可是忘了什么物事？"

又听到老者的声音在外屋说："不关你事。"

有人进了内室，走到桌前拿起了什么东西，又离开了房间。外屋响起阿史那博庆的声音："好了，走吧。"

酒博士的声音响起："这边请。"

听到脚步声走远，鹿鸣从屏风后出来，发现桌上的密匣不见了，显然是被阿史那博庆拿走了。

密匣里到底有什么东西呢？鹿鸣非常好奇，但他知道再等下去没有意义，于是离开了房间，下楼时与酒博士点点头。看到阿史那博庆与一老者坐在靠窗的位置，面前摆着不少酒菜，那个密匣也放在桌上，鹿鸣笑了笑出了客栈。

等鹿鸣回到崇义坊，看到其他小伙伴都在这里，他们问起鹿鸣去了哪里，为何不喊上他们同去。

鹿鸣把刚才的经历说了一遍，末了总结道："我觉得这个突厥人似乎有什么企图，不过我还是对那个密匣最有兴趣。"

狄仁杰说："以突厥人的工艺水平，不太可能造出这种精妙的机关。"

程俊表示赞同："俺觉得，西突厥也许是从丝绸之路上获

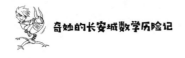

得这种东西，有可能来自拂菻国。"

所谓拂菻国，就是指罗马帝国，只不过现在罗马帝国早就分裂，更多的时候这个名词指的是东罗马帝国。历史上西突厥汗国与东罗马帝国的联系较为紧密，还曾短暂联盟共同对萨珊波斯作战。

妙真用食指点着下巴琢磨着这个突厥人的意图，从那次马球赛时她就觉得很奇怪，为什么一个突厥使团成员非要与她这个毫无名气的女冠见面？她只不过是永嘉公主的女儿，在皇室成员中压根儿就默默无闻。可笑的是，那个礼部官员大概还以为这属于正常外交范围。

再想想今天鹿鸣发现的线索，这位突厥使者与东海国韩氏兄弟认识，而且对公主的行踪特别感兴趣。回程时还特意从务本坊路过，打望了景云女冠观的七重塔。再加上一个不住在使馆区，非要在西市客栈包房长期居住的突厥老头，这个老头还有一个制作精妙的机关密匣，怎么看怎么可疑。

但妙真仍然猜不到这个突厥使者到底有何用意，是真的想要替他们可汗和亲吗？恐怕没有这么简单。

第二十三章

破解密匣

几位小伙伴凑在一起讨论了半天，也没猜出一个能服众的结论，于是又把兴趣转回到密匣上。

鹿鸣说："我认为，那个密匣里肯定装有非常重要的信息，说不定就是他们的计划，最好能把密匣里的东西拿到手。你们认识这样的人吗？……高来高去的那种。"

程俊没听懂，好奇地问道："什么叫高来高去？"

鹿鸣说起这个劲头就来了，起身比画道："就是那种会功夫，能飞檐走壁，使得一手好暗器，行走无声，能悄无声息取人首级的。"

这番话听得其他三人目瞪口呆，狄仁杰还在思索是否真有其事，妙真那边已经笑出声了，鹿鸣奇怪地问道："你笑什么？"

程俊也笑着拍拍鹿鸣肩膀说："鹿郎君果然会讲故事，要是真有这种人，陛下又何必辛苦打仗，直接派他去辽东取了东海王首级岂不美哉。"

狄仁杰看过《史记》，其中曾有一篇叫作《游侠列传》，介绍了汉朝的三名侠客，其中引用了韩非子的名句"儒以文乱法，侠以武犯禁"。同样在《史记》里还有一篇叫作《刺客列传》，这里面写的刺客就与鹿鸣所说的行为类似，这篇列传记述了战国时期的五名刺客，但也没有鹿鸣说的那么夸张，只不过是勇武与胆气过人罢了。写《史记》的司马迁肯定没有见过鹿鸣所说的这种"高来高去"的侠客，不然他肯定会写进《刺客列传》，还要大书特书。

鹿鸣还有点不相信："真的没有吗？"

程俊答道："真没有！"

妙真笑道："不知你这呆子从哪里听来的，世上怎么会有这样的人。"

鹿鸣还是有点半信半疑，他觉得可能是这些小伙伴见识不够，说不准真有什么隐世门派呢？只不过他自己也拿不准，也有可能那种人是后世影视作品中一种夸张的表现手法吧。

笑过之后，狄仁杰把话题转回正道，说："鹿郎君说那个密匣还有机关，而且密匣体积不小，就算有人能潜入室内，无法带走，也无济于事。"

鹿鸣在回来的路上仔细考虑过了，他当时灵机一动记下了六次咔咔声的长短，潜入突厥人房内的时候又观察了拨盘的外观，已经想通了其中的关窍。不过他不打算立刻就透露谜底，反而想要出题考考这几位朋友。

咳嗽了两声，引起小伙伴的注意之后，鹿鸣又坐下来，端起水杯说道："你们不用担心，这个机关我已经破解了，不过我不会把答案直接告诉你们。现在我打算以此为题，让你们来解一解。"

妙真瞟着鹿鸣笑道："可以啊，现在你的气场是越来越足了。""气场"这个词还是她跟鹿鸣学来的。

狄仁杰和程俊都来了兴趣，既然鹿鸣已经解开了机关，那么他们解不出也不耽误事——至于解不出丢人这种小事，朋友之间就不要讲那些虚的了。

面对程俊和狄仁杰的催促，鹿鸣也不再卖关子："那我就说一说我所知的情况。我当时在隔壁露台上，听到了六次拨动转盘的声音，这六次声音的长短不一，分别是18秒、15秒、3秒、24秒、30秒、9秒。等我亲眼看到密匣时，发现那个转盘有十个天干刻度，拨盘的指针位于甲侧的起始位，每次拨动指针到任一天干后，都会自动返回起始位，同时发出咔咔声，这个声音的长短与指针拨动的距离成正比。现在，请你们根据我听到的声音长度来推出这个机关的密码是什么。"

与鹿鸣接触时间长了之后，连程俊都学会了一些分析思路，他首先拿树枝在地上写出十个天干，从甲到癸，然后就陷入了困境，自言自语道："六次响声，十个天干，只有四个没有用到，是哪四个呢？"

历史足迹

十天干：甲、乙、丙、丁、戊、己、庚、辛、壬、癸。

甲：像草木破土而萌，阳在内而被阴包裹。

乙：草木初生，枝叶柔软屈曲。

丙：炳也，如赫赫太阳，炎炎火光，万物皆炳燃着，见而光明。

丁：草木成长壮实，好比人的成丁。

戊：茂盛也，象征大地草木茂盛繁荣。

己：起也，纪也，万物抑屈而起，有形可纪。

庚：更也，秋收而待来春。

辛：金味辛，物成而后有味，辛者，新也，万物肃然更改，秀实新成。

壬：妊也，阳气潜伏地中，万物怀妊。

癸：揆也，万物闭藏，怀妊地下，揆然萌芽。

十二地支：子、丑、寅、卯、辰、巳、午、未、申、酉、戌、亥。

子：孳也，阳气始萌，孳生于下也。

丑：纽也，寒气自屈曲也。

寅：演也，津也，寒土中屈曲的草木，迎着春阳从地面伸展。

卯：茂也，日照东方，万物滋茂。

辰：震也，伸也，万物震起而生，阳气生发已经过半。

巳：巳也，阳气毕布已矣。

午：仵也，万物丰满长大，阴阳交相愕而仵，阳气充盛，阴气开始萌生。

未：　也，日中则昃，阳向幽也。

申：伸束以成，万物之体皆成也。

酉：就也，万物成熟。

戌：灭也，万物灭尽。

亥：核也，万物收藏，皆坚核也。

　　狄仁杰也注意到了这一点，他看着程俊在地上画着天干，猜测道："现在的突破点，就要放在确定这四个没用到的天干上？"

　　妙真摇头说："不对，我觉得应该从这六个用过的天干里找出路，我们现在已经知道密码是六位，而天干有十个，这里面有什么门道吗？"

　　鹿鸣看他们思考得非常认真，欣慰地举起杯子喝水，顺便提醒道："我以前说过，有这种分配方式的题目，可以考虑什么原理？"

　　即便他不说，过一会儿小伙伴也能想到，只不过现在直接就听懂了。妙真恍然大悟地说道："好像是抽屉原理吧，这个名字怪怪的，不太好记。"之所以不好记，是因为唐朝还没有抽屉这种东西。

　　狄仁杰也想起来了，那还是几天前在乐游原的时候，他们谈起李淳风留下的谜题，鹿鸣当时就说到了这个抽屉原理。他回忆了一下说道："按照鹿郎君所言，那么六个密码对应十个天干，密码就是元素，天干就是集合，这与当初说的有点不一样啊。"

　　程俊一时没转过弯，也跟着说："是啊，抽屉原理不是说多的往少的里面放吗？"

　　妙真很快就想通了，拍手笑道："不对不对，你们两个运用得太呆板了。不管是多的往少的里放，还是少的往多的里放，都是抽屉原理的应用方式。我们现在的目的是找到规律，那么不管是哪种方式，只要有利于目标实现就行了。"

程俊不服气地说："那你说说，怎么个实现法？"

妙真捡起树枝在程俊画好的天干下面又画了六个圈，然后丢下树枝拍拍手说："你把这六个圈随便分配到天干的下面，一个天干只能配一个圈。"

程俊捡起树枝在圈圈与天干之间画上了线，表示互相之间的联系，画完之后他注意到了问题所在，忍不住用力拍了下膝盖说："这有两个是相邻的！"

狄仁杰也注意到了，他略一思考就指出："不管怎么分，六个圈分到十个天干下面，总有两个要挨着！"

妙真笑着看向鹿鸣说："这就意味着，六个密码里必然有两个是相邻的天干，它们之间的响声的长度差距是最小的，对不对？"

鹿鸣心服口服地竖起大拇指道："太对了，你对抽屉原理已经彻底掌握了，厉害！"

找到了突破口，接下来的分析就简单了，这次换狄仁杰来主笔。他在地上写下了六次响声的数值，又标明了顺序，如下表：

顺序	响声长度（秒）
一	18
二	15
三	3
四	24

顺序	响声长度（秒）
五	30
六	9

写完后继续说道："按照先后顺序来看，第一次和第二次之间的间距最小，说明这两个天干是挨着的，也就是说每个刻度之间最小的差就是3。"

得出这个数之后，就算是只会加法也能得出此密码的答案，程俊指着第三个密码的位置说："这个肯定是甲！"

狄仁杰没有这么直接数，而是在十个天干下面写上了算出来的响声长度，如下表：

天干	响声长度（秒）
甲	3
乙	6
丙	9
丁	12
戊	15
己	18
庚	21
辛	24
壬	27
癸	30

依照前面咔咔声所记下的长度，只要对比一下，就能得

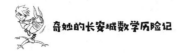

出最终的答案。

程俊抢着在地上写下：己戊甲辛癸丙。

看到小伙伴们解出了答案，鹿鸣起身鼓掌笑道："恭喜，你们解开了这个机关，现在只需要把这个密码交给能偷偷接触到密匣的人，我们就可以等消息了。"

妙真想了想，叉着腰说道："那我去找太子殿下说说这件事吧，据鹿郎君所言，此人当日对太子殿下的车驾指指点点，似有不轨之心，我也有理由面见太子殿下提醒此事。"

狄仁杰觉得这个办法不错，在场的诸人里，还是只有妙真能最快捷地接触到最高层，只要把消息捅上去，以李唐皇室对长安的掌控力，一旦重视起来，那些突厥人是没多少胜算的。

程俊在一边有口难言，他想起他老爹说过的话，虽然他不相信鹿鸣会对太子不利，但还是琢磨着让老爹知道这件事，免得回家屁股开花。

程俊也不是闷口葫芦，妙真风风火火地走了之后，他把鹿鸣扯到一边说道："鹿郎君，俺不是不相信你，但是俺家大人实在是死脑筋，妙真她去见太子，只要提起你，太子肯定会召见你询问详情，到时候我家大人肯定要掺和进去，那时候他要是说了什么不中听的，你可千万别往心里去。"

鹿鸣没太搞懂为什么程知节要掺和进这件事，不过他也没当回事，笑道："信不过谁还能信不过十一郎吗？你的长辈就是我的长辈，必然不会失礼，请放心。"

程俊稍稍放心，于是便向狄仁杰辞行回家去了。狄仁杰送走程俊，回来伸脚把程俊写下的密码擦掉，这才喊狄黄带人来把地上的痕迹清理一下。

狄仁杰与程俊的推论相似，他与鹿鸣说："妙真去找太子，到时候你肯定会被传召觐见，毕竟你是发现此事的人，不过你也不必紧张，太子聪慧且性情温和，就算有些许不快也不会责难于你。只不过，御前礼仪略有不同，你还要跟我学一学，以免到时候露怯，让人耻笑。"

鹿鸣自此安心学习礼仪，不再往外跑，连着两天都足不出户，静待事情发展。他还想着，说不定见到太子时就能看到那位公主，到时候一定要看看是不是杜若。

密　谋

　　眼巴巴地等了两三天，还以为能得到召见，结果根本不是这么回事。妙真从宫里回来，都没来得及回景云女冠观，直接就来了狄仁杰府上。

　　狄仁杰还以为妙真是来预先通个气，让鹿鸣做好准备，但实际上是短期内没有召见这回事。妙真把这个情况一说，程俊就蹦出来了："这是为什么啊？"

　　看到鹿鸣并没有什么失望的表现，妙真放下心来解释道："也没人告诉我为什么，我这两天没有回来就是在打听此事。据我所知，这件事被压下来的主要原因有两个。一是辽东战事将歇，后续的盘点、抚恤、奖赏一系列事宜都很紧迫，还要做继续东征的准备，大臣们主要都在办这些事呢。二是西突厥使团来求和，还要等皇帝陛下回来才能下决定。"

　　狄仁杰思索片刻后说道："也就是说，在西突厥使团求和的节骨眼上，朝中诸公都不愿开罪使团——只要他们没有明显的举动，就不会干涉，是这个意思吗？"

鹿鸣原以为程俊会特别气愤，但是他这次却显得非常理性，甚至提出了一些小伙伴们没有注意到的点，他说："俺常听老大人讲，凡事不能只看一头，要多看多想，俺以前就老吃这个亏。现在这个情况，俺有个猜测，可能是因为辽东战事胶着，并没有取得完全的大胜利，那边明年说不定还要用兵。在这种情况下，再与西方突厥汗国交恶，在兵法上是不妥的。就算是吃了些小亏，只要不伤筋动骨，朝堂诸公都会装作看不见，先收拾了辽东局势，再回头教训这等蛮夷。"

程俊的说法得到了小伙伴们的认同，但是认同归认同，大家对那个密匣里的东西还是非常好奇。鹿鸣因不能见到公主而感到失落，妙真安慰他说："我虽然没看到公主，不过我敢肯定她就住在东宫某处，因为据我所见，东宫里的宫女增多了，超过太子殿下以前的规制。"

鹿鸣想起妙真为此事奔波数日，应该表表谢意，于是连忙说："不管结果如何，还是要谢谢你。"

妙真一愣，随即笑道："没什么，我左右无事，便进宫去转转，也是为了排解无聊。你不用担心，这几天我还会去宫中，顺便就把事情办了。那张画像我带着呢，若是见到公主就给她看看，试探一下。"

既然如此，就没有什么急着非要做的事了，诸位小伙伴又闲下来聊天。言谈之中，程俊突发奇想，他已经知道鹿鸣那天在客栈中拿他做了招牌。他有点想去西市看看，其实就是羡慕鹿鸣胆子这么大竟然敢跟踪那个突厥人到客栈，还能拿到真凭实据。

"各位请听俺说，俺觉得鹿郎君那次应该没有惊动那突厥人，既然朝廷没空管这种小事，不如俺们自己解决。俺在西市还有点小小的名气，便唤上三五个泼皮无赖，使人盯着那老头，不信他一天都不出门。若是掌握了他的规律，便可趁机下手。"

程俊的大胆想法让小伙伴们都有所触动。狄仁杰平素一贯稳重，此刻也有些蠢蠢欲动，但他还是先查遗补漏道："这些泼皮无赖怕是靠不住，万一把你暴露了却如何是好？"

程俊毫不畏惧地说道："暴露了又怎的？他们还敢跟俺对质不成，就算是告到陛下那里俺也不怕，就说这些无赖攀诬俺，再敢不老实，回头把他们拖城外打一顿。大不了俺在家也躺一个月，怕什么！"

他这一发狠，连事情闹大被程知节打得卧床养伤都算进去了，显然是早就皮了。

鹿鸣还没来得及说话，程俊就已经想到了善后，这让鹿鸣感到十分不安。看到鹿鸣的表情，狄仁杰笑道："鹿郎君不要担忧，以我与十一郎多年交情来看，他这么说把握很大，不会真到那一步的。"

连妙真都不以为然地对鹿鸣说："你真是水一般的心肠。西市那些个泼皮无赖，可以说没有一个是好人，个个死有余辜。"

狄仁杰叹息道："蛇有蛇道，虾有虾路，凡膏腴之地，必有沉疴，此等无赖如吸血之蟆，虽让人厌烦，却又有其生存之道。"

这道理鹿鸣也知道，他有个大表哥就是警察，在大家庭聚会时偶尔也会抱怨这些事情。大的道理他不懂，就听到大表哥说，就算没有张三也会有李四，只要有合适的土壤，就必然会产生这种人。只不过鹿鸣终究是现代文明社会成长起来的，程俊他们对泼皮生命的不重视，是让他难以接受的。也不能说程俊他们就是错的，每个时代都有属于每个时代特有的价值观和道德准则，不能生硬地套用。

在鹿鸣的建议下，程俊最后还是选择了从家丁里挑人，不用那些混混办事。盯梢这种事，还是得专业人士才行，所以最终这个活儿还是程俊领头。要知道，他们家老爷程知节，当年可是落草瓦岗寨的，一路走来认识的三教九流之辈不知几许，程俊只要借用他老爹的一点点人脉就够用了。

初步的计划还是以程俊的思路为基础，分为西市街上盯梢和客栈内盯梢两部分，程俊亲自出马找客栈掌柜要了一个伙计的名额，就让他的家丁负责在店内盯那个老头。街上的盯梢者要假扮成行人和客商，这就需要专业人士了，老头出来之后就会被这些人盯上。

妙真的策略更简单，她花钱在客栈包了一间三楼的长期客房——和那突厥老者一样的手法。又派了窦家的一个家丁去假扮外地客商，这个家丁是粟特人，能说回纥和突厥那边的方言，长相也完全不像汉人，绝对不会露馅。

狄家在长安太低调了，帮不上什么忙，只能做好后勤工作了。

这么三管齐下，很快就摸到了那突厥老者的规律，但是发现了规律也没用！因为这老者几乎不出门，一日三餐都是叫到客房吃，除了有人来拜访，偶尔下楼吃个饭，其他时间都关着门待在房里。

据统计，三天时间里，这突厥老者仅下楼一次，来拜访他的是阿史那博庆。这次他们在楼下弄了一桌酒菜，吃了半个时辰——那密匣依然带在身边。程家安排的伙计借打扫的名义进去看了一次——那老者平日就坐在密匣旁边，几乎形影不离，只怕连睡觉都搂着密匣。

狄仁杰手里拿着一张字条，这是程俊通过左屯卫的一名将领搞到的情报，字条上记载着那突厥老者进长安时的记录。

唐朝对户籍管理还是很严格的，没有户籍的人，门都出不去，因为出门远行需要里长开证明，没有户籍是开不出证明的。

唐朝的出行证明叫公验，不同身份的公验名称各有不同，比如平民的公验叫作"过所"，官员的公验叫作"告身"。这种证明的期限一般是30日，超过30日即作废，抓住要充军或服苦役，严重的如潜逃的罪犯可能还会杀头。公验到期前可以申请延期，每次延期都是以30日为单位。

持有公验者在经过关隘和地方时，要由当地的守卫签章并记录，这样得到的一连串记录便可以记载持有者的路程和经历，便于事后追查。进入长安时也有这种手续，尤其是远来的胡商驼队，会有专门的官员负责登记。

之前大家都以为那老者是突厥人，直到拿到这张字条，上面明明白白地记载了此人名叫康庶蒙，年48岁，自碎叶城而来，沿途经历俱全，是随大商队一起来长安经商的小行商。由于西行之路漫长艰险，因此许多小行商都是这样跟随大型商队行动，可大大增强安全性。

历史足迹

> 碎叶城是唐朝在西域设的重镇，也是丝路上一座重要城镇。它与龟兹、疏勒、于阗并称为唐代"安西四镇"。曾经多次修筑城墙，唐朝碎叶城就是仿长安城而建。碎叶城也是中国唐朝著名诗人李白的诞生地。
>
> 碎叶城地处"丝绸之路"两条干线的交会处，中西商人会集于此，东西使者的必经之路。2014年6月22日由中、哈、吉三国联合申报的丝绸之路"长安—天山廊道路网"，被正式列入世界文化遗产名录。

从康姓来看，这老者多半是粟特人，也就是俗称的昭武九姓。昭武九姓分别是"康、安、曹、石、米、何、史、火寻、戊地"，后世掀起安史之乱的安禄山和史思明也是粟特人，而且是粟特商队中的护卫出身。

虽然表面上，这康庶蒙与西突厥汗国没有瓜葛，正是因为撇清太过，反而引人生疑。至少现在狄仁杰就怀疑这个过所伪造了一部分经历，可能并非来自碎叶城，因为那些化外之地的凭证本来就不可靠。

狄仁杰把字条放在桌上，总结道："现在我们得到的信息就只有这些，这个粟特老者几日只下楼一次，我觉得还是要另想办法。"

程俊说："不如来个调虎离山，让左屯卫去查他们的过所拖延时间，再派人从楼顶攀缘而入，取了东西再垂绳索下去。"

狄仁杰有些迟疑道："这是不是玩得太大了？还要惊动左屯卫，事后你怕不是光挨几下板子的事了。"

鹿鸣也否决这个方案："不妥不妥，就怕他到哪儿都带着密匣，那就无机可乘了。"

妙真说："既然如此，那就只能来硬的——在他的酒菜里下迷药，迷晕过去再取那密匣中的物什。"

鹿鸣觉得妙真的这个办法太强硬了，在酒菜里下药，事后这人肯定会怀疑店家。因此鹿鸣根据他多年看电影和电视剧的经验，提出了一个新方案："我有个想法。妙真你不是在三楼安排了一个假客商吗？让这个客商想办法与这老者认识，然后请老者到他客房里饮宴，再安排程家那个伙计送酒菜下药，事后让假客商连康庶蒙的财物一起拿走跑路，伪造成谋财的假象。若是他要报官，便由他去，反正找不到这个假客商，也无可奈何。"

狄仁杰认为这个方案可行，又补充道："鹿郎君说得不错，还可以稍微露一些马脚，让假客商留下一些假线索误导他们，比如走得匆忙，忘记带走剩下的迷药。再让那店家和伙计撇清，这就妥当了。"

程俊和妙真都觉得这个办法可以，又商议了一阵，再唤来各家的家丁小头目，把这件事交代下去，让他们自行完善一下再行动。

圈 套

行动当日，坊门开启之后，鹿鸣和狄仁杰等来了程俊，却没看到妙真。不久，有窦家的家仆来禀告，说上午宫里来人，唤走了妙真，因此今日不能前来。

虽然小伙伴们好奇宫中何事唤走妙真，但行动计划已定，今日不能推迟，所以他们还是骑上马，慢悠悠出了坊门，前往西市。

西市一如既往地喧闹，街面上人流如织，叫卖声、讨价声、交谈声、骡马嘶叫声、报时的鼓声交织在一块儿，形成了一幅大唐市井图。

鹿鸣他们来西市并不是亲自上阵，而是就近观看，也为了防止情况有变找不到能拍板的人——西市与崇义坊还是有些距离的，就算是快马传递消息，来回也要一刻钟左右，很可能会耽误事。

鹿鸣等人进入西市时，还不到执行计划的时间，因此他们还可以在西市内逛一逛。走到一半，鹿鸣发现有许多人都朝一个方向走，有人边走边说，有休沐日百戏。

程俊听到了之后恍然大悟道："俺竟然忘了，今天是休沐日，西市有百戏班子搭台演出，鹿郎君、怀英，俺们去看看吧？"

历史足迹

休沐日，类似于现今的星期日休假制度。

我国古代的节假日制度由来已久。远在汉朝已有，那时政府就制定了官员"五日一休沐"（休息和洗头）的制度。据《汉书·霍光传》记载："光时休沐出。"周作人的《休沐日》一文对此解释说："他们留着长头发，时时要洗，必须把它晾干了，挽好了髻，才能戴上纱帽，出去办公，一整天的休息的确是必要的。"这一制度一直延续到隋朝。到了唐朝，官员的休假制度改为"旬休"或者"旬假"，即官员每十天休息一天。王勃的《滕王阁序》道："十旬休假，胜友如云。"元朝大概也是这样，及至明清时期，这一常规制度便被取消了。

二人都无异议，鹿鸣对百戏不解其意。狄仁杰解释道："百戏者，秦汉之际便已有之，彼时称为'角抵'，有吞刀、吐火、扛鼎等杂戏，还有乐舞和器乐等演出。到了晋与隋之间，又加入俳优。本朝设有教坊，下设散乐、倡优、曼延之戏。"

唐朝所谓"倡优"指的是说唱系列的技艺，"曼延"则是杂技类型的，"散乐"是器乐、乐舞和扮作动物的配乐舞蹈，包括剑器舞也在此类。

在场的三位小伙伴里，只有程俊跟着卢国公程知节看过

唐朝宫廷音乐盛典图

官方版的《秦王破阵乐》，不过那时他年岁太幼，根本记不清细节，只记得鼓声咚咚，气势惊人。

狄仁杰家在太原，小时候家里办大戏，看过不少杂技，尤其让他印象深刻的是《口技》。

他俩说得带劲儿，但后世很难见到原汁原味的《秦王破阵乐》和《口技》，只记载于史书之上。

尤其是《秦王破阵乐》，最初曾是唐军的军歌，李世民登基之后将其重新填词编曲，加以改编，遂形成了流传唐朝300年的大曲。此曲气势雄浑，鼓声震天，演出者全身戎装且持有兵器，其队形变化包含当时的兵法和军阵之学。传说其演奏时，能让观众随之起舞。

《秦王破阵乐》在唐朝名气极大，三藏法师到达印度时，便有国王询问此曲的细节。到了武则天时代，日本遣唐使粟田正人将其带回日本。现如今，国内曲谱均已失传，只有日本保留有琵琶、筝、笛等几种曲谱，其他的曲谱均散佚不见。

听他俩的描述，鹿鸣对这种大型演出颇为向往，但这种演出，尤其是《秦王破阵乐》一般是在重要场合才会出演的保留节目，不但花费靡巨，其背后所需的组织力也不是一般人能提供的。

敦煌壁画《破阵乐图》局部

西市百戏班子在长安算是比较出名的，用现在的话说，可以算是明星组合。据说最出名的是两大台柱，一位是表演杂技的，一位是乐舞高手。可惜今天表演的并不是两位台柱，而是一群没什么名气的艺人。虽然名气不大，但他们能进入西市百戏班子也不是无能之辈，就说鹿鸣他们看的这个高空杂技，放在现在难度也是很大的。

这个高空杂技由两个组成部分，地面上有一名壮汉，肩头顶着一根圆木杆子，这长杆高数丈，顶端呈"十"字形，有一名10岁左右的小女孩，在顶端做出各种惊险动作。

古代是没有保护装置的，也不会有安全绳、气垫等东西，所以常常能听到有人高空表演失败受伤甚至死亡的消息。现场看这种杂技，有人叫好，有人担心，还有人默然无语，有些心善的甚至看不下去悄然退场。

鹿鸣就属于心善的这一类，看到小女孩的惊险动作，每每担心她从上面摔下来。最后鹿鸣受不了了，干脆拉着狄仁杰、程俊两个伙伴走人，找了一家酒肆，开了一个临街二楼包厢。

看到鹿鸣闷闷不乐，狄仁杰与程俊对视一眼，开口劝导说："鹿郎君可是为此挂怀？此乃百戏班子生存之道也，若不如此，如何生存？各司其职，各出其力，世间百业，皆如此理。"

程俊也说："鹿郎君若是不忍，大可将其买下。几大世家蓄奴多矣，其生活流离在外自是有余，养个百戏班子也可自娱自乐。"

鹿鸣想的不是这些，他说："此女可能比我只小了几岁，却要受此磨炼，苦其心智，劳其筋骨，饿其体肤。如此辛劳，担偌大风险，几年后便因年岁增长而无法上台，其时人又如何自处？"

"在我的家乡，像她这样的年纪，应该在学堂里学知识，将来长大了做她想做的事。虽然有些地方还做不到，但大家都知道不读书是不对的。"他起身走到包厢栏杆边看着外面的街道，"看这街上熙熙攘攘，他们每个人真的喜欢自己做的事吗？"

狄仁杰问道："鹿郎君喜欢你现在做的事吗？"

鹿鸣毫不犹豫地回答道："喜欢！我喜欢数学，我喜欢解难题时的快乐，我也喜欢和大家一起讨论问题时的氛围。我来寻杜若，也是认为我应该这么做，没人逼我来，这是我的选择。若是因此有何损失，也心甘情愿，毫无怨言。"

狄仁杰默然无语，鹿鸣回身坐到桌边道："可她，没有选择的机会。"

程俊第一次听闻鹿鸣的心声，他一时无语，不由得问道："莫非鹿郎君希望有一个人人可自由选择的世界？"

鹿鸣笑道："人人都能做自己命运的主宰，我知道这可能是个梦想，但人要是没有梦想，没有希望，和一条咸鱼又有什么区别？"

狄仁杰长吸一口气，伸出手道："我狄仁杰，愿与君共勉！"

鹿鸣把手放在狄仁杰手上，两人看向程俊，程俊哈哈大笑，伸出双手将两位小伙伴的手包起来，说："这种事怎能少了俺，俺虽愚笨，却也有封狼居胥之志，愿与君共勉！"

三人兴致已起，叫来酒博士，要了一桌好菜，再加一壶河东乾和葡萄佳酿，吃吃喝喝畅谈心声。此番交心，倒是令三人友谊更深，也加深了彼此的了解。

吃到半途，有家仆来报，行动准备就绪，询问是否按计划启动。都到这个份上了，哪还能半途而废，当然是开始行动。

过不了多久，有坏消息传来，那位窦家的粟特家丁邀约失败，康庶蒙不愿出门，婉拒了酒宴的邀请。三人面面相觑，正打算换个方法，又有人来报，说窦家的粟特家丁将计就计，在康庶蒙的房内宴请他，这次成功了。

大概是看在同为粟特人的分上，康庶蒙这次没有拒绝，但他还是很谨慎地看守着密匣。又过了大约一刻钟，家丁来报，说康庶蒙已经被药酒迷倒，他们正在试着解开密匣。

再过了一盏茶的工夫，有三名家丁带着包裹来到包厢。于是他们拉下包厢临街的挂帘，又封闭了厢门，门外守着两名膀大腰圆的家丁。包厢里的家丁这才解开包裹拿出一个小木盒，这个木盒就是密匣中的物什，此物还没有人打开过。呈上此物后，家丁退出门外，程俊便打开了木盒。

打开木盒后，面上是一卷绸布，程俊拿出绸布将其展开，上面写着许多怪异的符号。狄仁杰旁观着这卷绸布，看到这些文字后说："这是突厥文字，与粟特文字雷同，写法从左至右，真蛮夷也。"

鹿鸣问道："怀英，你能看懂这些文字吗？"

狄仁杰谦虚地笑道："略懂一二，且让我细细观之。"

程俊把写有突厥文字的绸布交给狄仁杰，又从木盒里拿起一枚印章。印章由一枚巨大的牙齿制成，这牙齿的长度有半尺左右，底端刻一个突厥文符号，似乎是某人的印信。

狄仁杰拿来纸笔，对照着绸布上的文字进行翻译，时不时地圈改墨涂，显然有些费时。

这边还没翻译完，又有家丁传讯，那边的粟特家丁已经卷了康庶蒙的财物从客栈溜走，伙计已经安排好了现场。

鹿鸣和程俊站在狄仁杰两侧，看着纸上涂改多次的文字，隐隐约约地已经看懂了一部分。

这卷绸布实际上是一封密信，是某个知名不具的突厥大人物写给阿史那博庆的，信中提到了现任的突厥汗庭的主人乙毗射匮可汗，企图破坏他与大唐和谈之事。具体的计划没有写在信上，而是让阿史那博庆见机行事，持有他的信物，便可与安插在长安的73名狼兵联系，必要时可借用这股力量。

狄仁杰花了半个时辰翻译完这封信，这封密信的结尾部分提到了唐朝与东海的战争，直言此时正是最佳时机，一旦大唐从辽东抽出力量，恐怕会将兵锋直指突厥。

事实上，这种看法在大唐民间很有市场，大家都知道唐太宗对辽东是志在必得，因此抽不出力量再去征讨西突厥汗国。一旦打下辽东，下一个倒霉的肯定是西突厥，再加上与大唐亲善的回纥势力，西突厥内部就要闹翻天，更是无力对抗大唐。

这封密信是个重要发现，木盒中的印信也很重要，阿史那博庆没有这个印信就无法调动那隐藏在长安城中的73名狼兵，他只能孤军奋战。

接下来，就是如何把密信交给太子殿下。如果妙真在这

里，由她转交最为快捷安全，但还不知道何时能回来。思来
想去，也只有让程俊递交给程知节，再通过卢国公的渠道交
给太子殿下了。

妙真见新公主

　　程俊把密匣里的东西交上去之后，还没等到程知节那边传来消息，倒是坏消息过来了。西市那边行动成功之后还留了几个盯梢的，客栈里的伙计也留下了——就是这个伙计传来了坏消息。

　　密匣失踪的当天，那粟特老头急坏了，但没见他做什么。第二天他就急匆匆地退了房，离开了西市，可跟踪他的人在醴泉坊那里跟丢了。

　　醴泉坊是胡商和胡教的聚集地，拜火教、摩尼教、景教等在此都有据点，同时此坊也有大量的胡商在此长居。粟特老头在这里失踪，很难再找到他了。

　　粟特老头失踪之后，程俊派人去鸿胪寺打听阿史那博庆的消息——这人也在那天离开了使馆驻地，至今未归。看起来这家伙已经收到了消息，警觉地隐藏在长安城中了。敌人由明转暗，对鹿鸣他们来说有点麻烦，但也没有想太多，毕竟这是大唐的主场。

　　在他们等待程知节的消息时，妙真在四位宫人的带领下，从东宫西侧门转向太极宫武德殿。武德殿位于太极宫与东宫之间，早年曾是李元吉的住处，许多年后李隆基也在此居住过。

妙真此行是去拜访那位神秘的新公主，这是她见到太子之后好不容易才要来的机会。不管是唐太宗李世民还是太子李治，都对这位公主保护得十分周到，很少让她见客。

武德殿位于太极宫西侧，往北可看到凌烟阁，往南可看到长乐门，往东可见太极殿，往西可望大明宫。从海拔上来说，武德殿位于龙首原之下，但地势又比太极殿、甘露殿高。

武德殿前殿是接待宾客所用，后殿才是寝宫，新公主与妙真素不相识，因此只会在前殿相见。

今日天气阴沉，空气略带沉闷，天空中阴云密布，似有大雨将至。武德殿中已经点起了灯笼和烛台，前后多达数十只，照得室内纤毫毕现。

妙真入了大殿，看到主位胡床上坐着一位锦衣少女，奇怪的是，她的头发却不是时下任一种发型，只是简单地束在脑后呈马尾状。

妙真在客位坐下，整理了裙摆和衣袖，这才俯身行礼道："妙真见过公主殿下。"

那公主脸色略显苍白，点头道："免礼。"

她的声音稍显低沉，但仍旧给人一种充满活力的感觉，可是妙真能感受到这位公主的心情似乎并不快乐。

看到妙真起身，公主说道："你是从小出家吗？你俗家姓什么？"

妙真答道："我5岁出家，俗家姓窦，家父……窦奉节。"

公主并不了解这里面有何蹊跷，但她听出妙真似乎不愿提起家人，便转了话题道："你叫我小雅好了。我听太子哥哥说，你想见我，不知为何？"

妙真早已想好了借口，当即答道："若我说，仅为好奇之心，不知公主相信吗？"

公主微微一笑，摇摇头说："信如何，不信又如何，我又不是什么尊贵人物。只是陛下与太子哥哥都要我深居简出，如此罢了。"

妙真寻思这是第一次见面，不好问些出格的问题，只好说些闲话，聊些长安城中的趣事，自然也提起那几个小伙伴。

公主本来神色淡漠，听到几个名字后便有了变化，更主动问道："你说的那几位朋友，现在可还在长安城内？"

妙真心中思绪万千，嘴上答道："他们一般在崇义坊狄府相聚，但也常常出门。"

公主原本一直坐着不动，现在却突然起身走动着。妙真看到时机恰好，趁机说道："说起鹿郎君，倒还有一件趣事，他说他自南方来长安，是为了寻他妹妹，为了寻妹，还特意求了一幅画像。"

"什么画像？"公主发出此问后又向外走了几步。

妙真看公主略有激动，连忙从袖中取出画像说："正好我把画像带在身边，若是公主有兴趣，便请过目。"

旁边有宫女过来取了画像送到公主手中，公主坐回原位，将画像摊在案几上细细观看。

妙真在一边偷看公主的表情，发现她虽然显得有些激动，却控制得很好，没有太大的变化。

看过画像之后，公主伸手将画像卷起说道："看起来竟然与本宫有些相似，好生奇怪。"

妙真注意到了公主的自称变化，心里正在琢磨，却看到公主顺手将卷起的画像放进了案几边的阔口瓶，那阔口瓶是用来存放绢布画轴之类的东西。

"这画像先放在本宫这里，过几日便还你。"

妙真笑着点点头，说道："无妨，鹿郎君说他似乎有了些许眉目，这画像倒也不急。"

公主又激动起来："什么眉目？"

妙真答道："我也不知，鹿郎君说只要能看到他的妹妹，他肯定能认出来。"

说得倒是简单，公主心里明白，她现在的身份很难出宫，而让鹿鸣等人进宫也不是简单的事。

一时间武德殿内陷入了沉默，又过了一会儿，有宫女入内禀告说："禀公主，武才人求见。"

见有客至，妙真打算离开，说道："今日得见公主殿下，

妙真带着画像去见宫里的新公主

妙真心愿满足，且容告退，愿今后还能面见公主叙旧。"

公主竟然有些失望，说道："这就要走了吗？也罢，你且去吧，以后若是想来，不必再问太子哥哥，自来便是。"

妙真谢过公主，行礼后告退而去，于殿外见到孤身一人的武才人，两人互相点头却并无嘘寒之意。公主独自坐在偌大的武德殿中，静静思索着什么，目光却落在阔口瓶上。

却说程俊将密匣中的物什交给程知节，这位卢国公可不敢独断行事，因此他拿了东西去寻长安留守房玄龄。

房玄龄自担任长安留守以来，不敢轻忽职守，连铺盖都搬到外廷，日夜坚守。每日除了处理长安城大小事务，还要听取金吾卫等负责长安治安的专职报告，确保长安城内外无虞。待到太子回京后，房玄龄算是稍稍放松，把铺盖搬回了家，但每日仍有八个时辰待在中书省处理公务。

程知节乃左屯卫大将军，入外廷无须通报，因此他直入中书省，直到进门才惊动房玄龄。

房玄龄放下手中毛笔，趁机起身活动一下，说："义贞，你来了，可有紧急军情？"

程知节咧嘴一笑，下巴上的络腮胡子跟着一阵抖动："玄龄，俺老程今日来并非为军情，而是小辈们发现了一桩蹊跷事。"

"哦，不知是何蹊跷事？"房玄龄来了兴趣，高声唤门外侍从拿点心来，又说，"来，坐下聊。"

侍从端来几碟蒸果子，还有一壶冰镇三勒浆，也就是冰镇南洋水果果汁——算是此时的高档饮品了。

程知节也不急于吃喝，掏出小木盒放在桌上，这才拿起陶壶给自己倒了一碗三勒浆，壶中放有冰块，倒出来的果汁还冒着凉气。

房玄龄打开木盒，取出绢布和一张写有对照汉字的麻纸，看完之后放回去，又拿起印信观看。

程知节喝了两碗三勒浆，又吃了两块蒸梨，说道："此物是幼子程处侠和他那几个狐朋狗友寻到的，此事说来还有点意思。"

房玄龄听程知节讲了事情的前因后果，顺手把印信放回木盒，端起碗说道："此事之前我也曾听闻，太子当初说不宜大动干戈，我现在还是这个看法。"

程知节虽然不太赞同，但不好唱反调，放下碗说道："虽然不用动手，但总不能视而不见。以俺之见，若是金吾卫抽不出人，就让左屯卫盯住鸿胪寺。"

房玄龄考虑一番，点头同意了。虽然太子已经回京，但他还是长安留守，真出了大事他第一个跑不了。

就在此时，有程府护卫送来程俊的书信，程知节展信读完，气得把信纸拍在桌上："十分可恶！这蛮奴竟然溜了，俺倒要看看那帮使者再怎么狡辩！"

房玄龄拿起信纸迅速看完，连忙拉住程知节说："义贞不可鲁莽，此事明显有诈，那密信中写到要坏乙毗射匮可汗的事，你去问责使团岂不是正入圈套？"

程知节气恼地抓抓脑门，想想好像是这个理，只好又坐回去，不耐烦地挥手让送信人滚蛋。

房玄龄又看了一遍密信，对程知节说道："义贞，你随我一同面见太子，将此事上禀，就让太子来决断此事吧。"

房玄龄与程知节赶去东宫显德殿，与太子李治会面，将密信等物呈上，由程知节将那段故事又说了一遍。得知是妙真曾说过的那件事，太子李治也感到意外，于是便让程知节代为通知，让程俊、狄仁杰几人明日入宫觐见，说不定要召他们进来询问。

等房玄龄与程知节走后，有宫人前来在太子耳边说："不久前，武才人去了武德殿。"

太子点头表示知道了，随即起身说："去武德殿，本太子要看看吾妹。"

程知节出了皇城，快马回到怀德坊，立刻派人去找程俊回家，要把明日入宫的事情告诉他。程家的家丁直奔崇义坊，在狄府找到程俊，将此事大概说了一遍，又说老爷让他立刻回家。

程俊顾不上多说，赶紧牵了枣红马出门，临走时说："明日一早俺就过来，勿慌。"

等程俊走了，鹿鸣有些激动，明天入宫说不定能看到那位神秘公主。狄仁杰不好给他泼冷水，因为待召这种事不好说，说不定去了白等一天也是有可能的，如今只能走一步看一步了。

街口袭击事件

　　鹿鸣激动得一夜没睡好，第二天起来哈欠连天。狄仁杰看到他这个样子苦笑不语，转身去帮他张罗早餐。两人吃完早餐，又闲聊了一阵，程俊骑着枣红马来了。

　　昨天程知节把他叫回去面授机宜，大概意思就是此事已经得到了重视，让他们几个不要再自作主张单独行动。由于阿史那博庆失踪，为防万一，程知节特意给程俊的随从里增加了四名武装护卫。

　　程俊来狄府之后，先坐下来喝茶休息，然后把昨天的事情大致说了说，又道："俺家大人给俺补了四名护卫，还带着家伙。怀英你和鹿郎君出门都要注意，这贼子说不定会铤而走险。"

　　狄仁杰素来稳重，听了这话吩咐狄黄，等会儿出门多加人手，还要带些便于携带的武器，诸如棍棒绳索之类的。毕竟是去宫里，带刀剑不太合适，带些棍棒倒是不妨事。

　　程俊倒是没这种担忧，他老爹给他的武装护卫是左屯卫名下的，占用的是大将军卫队的名额，这种事不算违规，而且有带武器入宫的许可。不过即便是左屯卫，在进入东宫核心地带时也要上交武器。

唐朝的政治架构里，太子是个非常重要的位置，不但有一套类似内阁的辅佐班子，还有自己的武装卫队。当初还是秦王的李世民，就是依靠秦王府的那套文武班子加上他的铁杆部队才能成功地进行玄武门政变。

太子李治是几年前接替了被废掉的前太子李承乾，坐上太子之位的。李承乾时期，太子的辅佐班子就遭到了削弱——李世民是从太子位夺权上台，自然会防着太子依葫芦画瓢。李治上位之后，又进行了一轮削减，因此太子李治能指挥的武装人员数量并不多，大概不到500人。这点人手只够防卫东宫，出行时还需要正规军队协助，比如左屯卫等长安各卫。

这次入宫，就不能从皇城进去了，鹿鸣一行有五六十人，马队从皇城边上绕过，自延禧门入城，转永春门入东宫。接受了检查之后，鹿鸣等三人被允许进入东宫内部，其他人只能在外面等候。

进入东宫后，在宫人的带领下，鹿鸣等人来到左春坊，这里是太子佐员的办公地点之一，他们被安排在偏房中休息并等待传召。

此刻，显德殿中除太子李治、左屯卫大将军程知节外，还有一些贞观朝的老臣，诸人正在商议由突厥密信带来的影响和应对方式。

这一次的讨论仍然分为两派，其中一派认为应该明松暗紧，表面上淡化此事，但暗地里加紧搜捕；另一派则认为本来就不应该在辽东未定时与突厥交恶，而且这个潜逃特勤已经失去了印信，无法调动暗藏的突厥狼兵，没有威胁，不如暂且放下。

两派虽有所分歧，但都同意不能大动干戈，更不能在这个关键点上产生大规模军事冲突的矛盾。

显德殿中讨论此事，从早到午不曾休息，讨论完毕之后才想起还有人在等候传召，但此时已有定论，传召已无必要。于是就有宫人去左春坊告知："不必再等，本次传召已结束，请回吧。"

鹿鸣等人倒是没有劳累，有吃有喝的。等了半天却等到这个消息，说不失望肯定是假的。大伙儿也无可奈何，只得起身在宫人带领下离开左春坊。

离了左春坊，在永春门内却看到妙真亭亭而立，她身边并无一人，远远地看见鹿鸣等人过来便挥手示意。

两边见面之后，鹿鸣问她怎么在这里等候，妙真答道："昨日我见过那位新公主了，感觉有几分把握，刚才得知你们出宫，便在这里等候，但此人还需要你亲自确认才稳妥。"

伙伴们都对她俩的见面有兴趣，但妙真说："此处不宜长谈，今日稍晚我会向太子殿下辞行，明日我去崇义坊再详谈不迟。"

既然明日就可再见，大家便不着急询问，鹿鸣再次致谢道："还是要多谢一声，让你为此求人，来回奔波，实在不知

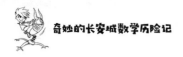
如何感谢。"

听到这番话，妙真脸色一沉，挥袖说道："你这人真是无聊，我图你这声谢不成，若你再说这种话，我便不再掺和此事。"

妙真的气来得奇怪，鹿鸣有些摸不着头脑，连忙说："啊？那我不谢了，不谢了……莫要生气。"

即便如此，妙真还是有些不高兴，随便应付两句就走了。鹿鸣拍着后脑勺，为难地问道："怀英、处俊，你们说，我到底哪里得罪她了？"

程俊和狄仁杰也没搞懂妙真为何生气，他们想不明白，但宫人不断催促，也只好赶紧出宫，带着其他人原路返回崇义坊。

到家时还是午后时分，他们在宫中吃了一些果子，倒也不是十分饥饿，但家中还是早就备下了午餐。原本狄仁杰习惯了一日两餐，自从鹿鸣来后，逐渐被影响，从而改成了一日三餐。

今日午餐主菜是焖驴肉，这是鹿鸣带来的食谱，狄家厨子学会了之后这是第三次做。主食是蒸饼，也就是馒头和花卷。汤是莼菜汤，加了一些芥末和蒜，带有些许辣味。

历史足迹

莼鲈之思，是为美食而辞官的一段历史佳话。

据《晋书·张翰传》记载："张翰在洛，因见秋风起，乃思吴中莼菜莼羹、鲈鱼脍，曰：'人生贵适意尔，何能羁宦数千里以要名爵乎？'遂命驾而归。"这故事被世人传为佳话，莼鲈之思，也就成了思念故乡的代名词。

这莼鲈之思，后来有很多人在诗中提及。把思念故乡的情感和莼菜鲈鱼联系在一起，确实诗意盎然。

鹿鸣吃馒头喜欢将馒头掰开，把驴肉夹在中间，再从莼菜汤里取一些莼菜混合，做成类似肉夹馍的东西一起吃。吃两口再喝汤，滋味挺美。

这顿饭吃得晚，吃完再看日头已经快下午三点了。饭后也没什么要事，三人在树下喝茶聊天，正谈论间，有人敲响了大院门。

来者是窦三，他圆领袍上沾着血迹，脸上也有飞溅的血滴，手里提着一把带鞘横刀，神色匆忙。

鹿鸣等三人见此大吃一惊，慌忙迎上去询问情况。窦三喘着气行礼，程俊急道："都什么时候了，还行个什么礼，快说！"

狄仁杰安慰道："别急，喘口气，慢慢说。"

窦三行礼完毕，喘息也稍稍缓解，舔了舔干燥的嘴唇，说道："今日我等自宫中返务本坊景云女冠观，至十字街时，有七八名歹人突然袭击，幸亏太子殿下今日派有多名护卫，不然光凭我与窦五怕是不济事。"

鹿鸣又问："妙真无事吧？"

窦三答道："无事，不过此番歹人恐怕就是冲着我家小姐来的。这些歹人武艺倒是一般，但都不畏死，受伤者均自杀而亡，无一活口。目下金吾卫已经接手，太子知悉此事后令小姐回宫暂避，因此小姐派我前来通知各位。此事之后，小姐可能会在宫中多留几日，小姐请诸位勿要忧虑，若有事相告，还是由我来此处告知。"

说完，窦三便要告辞，狄仁杰挽留不住，只好派人送他出去。回来后，狄仁杰看到程俊与鹿鸣坐在树下愁眉不展，便来安慰道："既然妙真无事，你们又何必愁眉苦脸？"

程俊气得拍桌子嚷道："这肯定是那突厥狗鼠辈所为，可朝中诸老还说那人翻不起浪花，嘿！真气杀俺也！"

鹿鸣也说："没想到这家伙在长安城里敢如此张狂，这次幸亏是太子殿下安排妥当，不然后果不堪设想。"

狄仁杰拍拍鹿鸣的肩膀说："确实如此，所以十一郎早间所言很有道理，如今这厮怕是狗急跳墙，我们出行要特别注意。妙真与我等经常在一起玩耍，有多人可见，说不定他会迁怒于我等，小心为好。"

鹿鸣十分不解："阿史那博庆为什么会盯上妙真呢？他们有何仇怨？"

程俊摇头不语，狄仁杰猜测道："据密信所言，他的主子肯定与乙毗射匮可汗有仇，因此要破坏突厥与大唐和议，因此要在长安兴风作浪。"

鹿鸣也开动脑筋，他倒是会反向思考："万一，我是说

窦三身沾鲜血地跑到狄仁杰家通告，妙真遇到歹人袭击

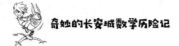
万一，他那封密信是假的呢？"

　　程俊问道："假的？那他就是乙毗射匮可汗的人？俺想不来他为何这么做。"

　　狄仁杰想得比较明白，说："若如此，现在密信已经呈给朝中大臣，现在阿史那博庆代表的是反乙毗射匮可汗的势力，则我大唐肯定不会如他所愿，反而会尽快与乙毗射匮可汗结盟。"

　　程俊目瞪口呆，摸着脑门说："这狗鼠辈竟有这等计谋？俺不信！"

　　鹿鸣也说："我只是猜测。因为他这么做，显得有些不合情理。但愿是我猜错了，不然我们从一开始就被他装进圈套了。"

　　程俊摸着下巴说："就算是鹿郎君猜测得对，俺们也无法将这种猜测告知朝中大臣，没有证据他们也不会相信。"

　　狄仁杰摇头坐下，端起茶碗喝了一口，说："所以现在只能等，等他下一步行动。我们一定要谨慎，不能给他可乘之机。"

　　程俊气得把幞头都抓歪了："憋屈！俺真觉得憋屈！"

　　鹿鸣也很无奈，这件事其实是他先发现的，也是他跟踪到西市客栈的。如果这一切都是阿史那博庆的策划，第一个上当的就是他了。

　　心情贼难受！

第二十八章

鹿鸣准备纪念品

发生了这样的事，下午的聚会就到此为止了。程俊回家去打听街口袭击事件的后续消息，狄仁杰回房给他祖父写信去了。鹿鸣无事可做，琢磨着是不是要做点纪念品。

当初杜爷爷说，只要他找到杜若，两人在一起时只要打开手环的定位功能，就可以开启时空道标。等实验室那边启动传送装置，他俩就可以返回原本的时代。

现在妙真基本已确认，新公主就是他要找的人，只等鹿鸣再亲自确认一下那公主是不是杜若了。这时候他倒是信心十足，完全没有考虑万一不是杜若怎么办。

找到杜若后，鹿鸣随时可以和杜若一起返回实验室，但他又不想走得过于匆忙，即便是要走，也希望能给在大唐结交的朋友们送一个纪念品。想来想去——他也没有什么特别的技艺，身上倒是还有一些金条可以利用，干脆就做几个金纪念币吧。

鹿鸣家里有不少纪念币，都是他父母年轻的时候收集的。鹿鸣小时候经常拿出来玩耍，所以他对纪念币算是比较

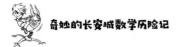

熟悉，让他独自设计是做不到，但从那些纪念币上借鉴一下或者抄个样本还是可以的。

说干就干，鹿鸣拿来纸笔，先画出大概的示意图，又写下对纪念币的要求。他要做的这几枚纪念币，考虑到了唐朝没有机器切割，基本都是靠手工锤炼，就放弃了许多精细化的装饰。纪念币的面积也做得比较大，这样金币上的人物头像可以相应大一点，降低了精细化的要求。

为了避免当作私铸钱币，鹿鸣打算把这个活儿交给可靠的人来办，加上还需要画师帮助，因此他还是想到了李淳风。

花了一点时间斟酌用词，鹿鸣写好了给李淳风的信，又把画有图样和要求的纸也塞进信封，封口之后写上自己的名字，再唤来狄黄，请他派人将信件送到李淳风府上。做完这些之后，鹿鸣就安心品茶休息了。

第二天，程俊照例在鼓响前来到狄府，狄仁杰已经习惯了他每次都来这么早，也给他准备了早餐。程俊把枣红马交给仆人牵走，来不及坐下就嚷道："俺已经打听到了。"

狄仁杰拉着程俊坐下说："先用朝食，用完再谈也不迟。"

程俊看到两位小伙伴都不着急，也只好按住卖弄的心思，三两下把胡饼塞进嘴里，又咕咚咕咚地端起碗将面汤灌完，抹了把嘴兴冲冲地开始讲他昨天的遭遇。

昨天傍晚程俊回到怀德坊时，程知节还没到家，最近长安城事多——老程身为左屯卫大将军，负责保卫长安，自然不可能早早回家。程俊在家随便糊弄了肚子，听闻他大哥程处默今日从外地回来已到家，便跑去寻他大哥聊天。程处默是程家长子，将来是要袭爵的，还算成熟稳重，听了幼弟的话，便给他分析了一番。

大意是，不管阿史那博庆本意为何，大唐目前实力最强，只需要按部就班，以我为主，稳扎稳打，步步为营，肯定是最后的赢家。当然，总的趋势是大唐独具优势，但就个人命运而言却又不同，所以程知节才会特意给程俊增配四名武装护卫，就是为了弥补这唯一的漏洞。

程处默在外地做官，这次回长安省亲也待不了多久，以他看来，阿史那博庆翻不出什么大浪，最多就是趁人不备搞搞袭击。因此，他晚上见到老爹之后建议再加一倍护卫给幼弟，确保程家人万无一失。

狄仁杰听完笑道："哦，我说你今天怎么带来这么多武士，原来如此。"

程俊倒是有些脸红了，少年心里觉得带这么多人似乎显得他怕死，嘿嘿笑着道："也不是，俺是想拒绝，但俺家大人说不带可以，把腿打瘸不许出门就行。俺琢磨这亏本买卖做不得，就收了。"

三人哈哈大笑，正待商量今日行程，却看到狄黄手里拿着信过来说："鹿郎君，这是道之先生的回信。"

昨天鹿鸣跟狄仁杰说过这事儿，现在只有程俊不知，因此他好奇地凑过来问道："道之先生怎么给你写信了？"

鹿鸣谢过狄黄，接过信慢慢拆开，狄仁杰在一边小声给程俊讲："鹿郎君说要找道之先生铸个什么东西，还说要保密。"

李淳风给鹿鸣推荐了一家作坊，是隋朝大业年间就在城里营业的老作坊。

这家作坊位于宣阳坊万年县衙门附近，是一家专营金银饰品打造的手工作坊，坊主姓何，李淳风还为鹿鸣写了封推荐信。

鹿鸣要做的纪念品是给伙伴们的礼物，肯定不能让他们先看见，那样就没有惊喜了，所以他才故意说要保密。程俊非常好奇，但也忍着没问太多。

虽然说要保密，但鹿鸣也不会故意不带他们。因此说去宣阳坊的时候，程俊嚷着同去，鹿鸣也没反对。他们出门之后才发现，崇义坊里竟然多了许多巡逻士兵，坊外大街上也有巡逻武士和骑兵。看来自从妙真遇袭之后，这附近的戒备等级提高了。

宣阳坊就在东市边上，崇义坊向东过一条街就到了。何家作坊也不难找，就在万年县衙门不远处，还没进门就听见里面吵吵嚷嚷的。鹿鸣等三人下了马，让护卫家丁先去打听情况，很快回来汇报说是里面有人吵架。

过了不久，作坊里有几个胡人出来，骑上马走了。鹿鸣瞅到作坊里已经安静下来，这才和小伙伴们一起进去。

看到有客人进门，何坊主前来迎客，鹿鸣拿出了李淳风的推荐信，坊主看过之后便请鹿鸣单独入后面院子详谈，又命仆从好好招待与鹿鸣同来的客人。

到了后院分宾主坐下，鹿鸣好奇地询问刚才为何吵闹，何坊主为难地说："不瞒你说，那几个胡人脑筋不太好，又有些夹缠不清。他们拿来一批材料，却忘记了称重，现在混在一起分不出来，真是叫人头疼。"

鹿鸣耐心听坊主抱怨，这才搞清楚情况。那几个胡人拿来了四块金子，纯度相仿，重量不一，拿来之前他们随意地称了一下，因为使用的秤达不到精度要求，只能两块金子一起称，随意组合称了五次就拿来了。现在他们分不清哪块是自己的，因此吵了起来，最后不欢而散。

何坊主说："这几个胡人明日还要来——想想就头疼，早知道我不接他们这单生意了。"

鹿鸣对这个情况来了兴趣，他打听到这五次称重的结果，又询问了一些细节，这才拿出图纸把自己的要求交代了一遍。

何坊主拿着图纸研究了一下，说："这个金牌做出来不难，但要达到客人要求的精细程度，必须纯手工制作。这个比压制要贵，不知客人意下如何？"

鹿鸣这次被传送到大唐，带来的钱都没怎么花，平日花费都是其他小伙伴出了，很少有自己买东西的时候。因此，他现在还是很有钱的，于是很爽快地答应了。

谈完了正事，鹿鸣对何坊主说："刚才听坊主所言，那四

几个胡人吵吵嚷嚷地从金器铺子中走出来

块金子的归属我已经有了眉目。让我与同伴一起算算，说不定很快就能出结果。"

何坊主闻言大喜，连忙承诺道："若是能替我解决这个麻烦，手工费我可以减去两成。"

鹿鸣回到前院，将坊主遇到的事情对伙伴们说了一遍，又说："这个问题其实也很有趣，可以应用到以前说过的抽屉原理，你们想不想讨论一下？"

狄仁杰和程俊都表示有兴趣，但感叹妙真不在，不然更有把握。鹿鸣组织了一下语言，把谜题写在纸上：

四个胡人分别有一块金子，已知这些金子的重量是整数，它们两两合称五次，重量分别是 95、109、121、126、140。其中有两块金子没有放在一起称过，现在要求算出四块金子的重量。这里使用的重量单位是文，也就是一枚开元通宝的重量为一个基础单位，用来进行小额度的重量计算。

程俊和狄仁杰很快就开始计算。他们能算出答案，得到坊主的折扣吗？

巧算金块重量

以前算题的时候，都是就地取材，找些树枝、石块在地上写画。狄仁杰曾想过准备一些便宜的麻纸，但笔墨使用研磨又慢。程俊干脆从家里拿了一截铁箭头备用，这铁箭头原本是箭矢的材料，可与箭杆、箭羽组合成一支完整的箭矢，现在被他拿来在地上比画，也算物尽其用。

鹿鸣旁观狄仁杰和程俊的计算过程，发现他们两人采取了不同的思路。

狄仁杰的思路是根据鹿鸣的提示得来，鹿鸣刚才说过抽屉原理，狄仁杰就想到了四个元素的两两组合极限是六种，现在只有五种组合，那么肯定有一种组合漏掉了。狄仁杰敏感地认识到，如果六种组合方式全部列出，其中必然有两个组合的重量加在一起等于四块金子的总重量。另外，以每对组合的重量进行排序，那么头尾依次相加的两对组合，其重量应该是相等的，也就是等于四块金子的总重量。

狄仁杰跟鹿鸣学会了列表的方法，假设以重量从小到大的顺序为金子命名，甲<乙<丙<丁，那么甲+乙肯定是重量

最小的，甲+丙小于乙+丙，丙+丁是最大的，乙+丁肯定小于丙+丁。甲+丁和乙+丙哪个更重暂时无法判断，因此空缺处理。

于是，他在地上画了这样一个表：

轻→重					
甲+乙	甲+丙			乙+丁	丙+丁
95	109			126	140

剩下的甲＋丁和乙＋丙两个组合的具体数字对应现在还没搞清楚，但其中有一个肯定是121。

狄仁杰观察他写下的这个表，他注意到甲＋乙和甲＋丙的数字差是14，而乙＋丁和丙＋丁的数字差也是14。假如把六个组合排序为一到六，那么一+六、二+五和三+四的结果应该是相同的，都等于四块金子的总重量。

现在可以得出四块金子的总重量为：

$$95 + 140 = 235$$

那么与121相对应的一组金子的重量应该是：

$$235 - 121 = 114$$

假设甲＋丁为114，那么：

$$（乙＋丁）－（甲＋乙）＝丁－甲＝126－95＝31$$

丁比甲重31文，假如甲＋丁为114，则可得出：

$$114 - 31 = 83$$

甲＋丁若为114，减去丁＋甲之差，则剩两倍甲的重量，但结果为83，是奇数，不符合四块金子重量都为整数的条件，所以甲＋丁不可能为114。

现在可认为乙＋丙为114，根据丙＋丁与乙＋丁的差值可得知，乙与丙的差值为14，则可得：

$(114-14)\div2=50$

得出乙的重量为50文整，丙的重量为64文整。有了这两个数，剩下的也就是心算可得的结论。最后得出，甲的重量为45文，丁的重量为76文。

狄仁杰的解题方法，可以算是堂堂正正的正攻法，以抽屉原理加上逻辑推理，用"比较"的方法得出和差解法，最终以点带面从而破局。

程俊的解法略有不同，他没有采用抽屉原理的分组比较方法，而是采取了"大一统"的方式进行计算。他首先想到了四块金子两两组合一定有六个组合方式这一点，然后又想到了以重量排序的组合顺序，头尾相加等于四块金子的总重量。到这里为止，他与狄仁杰的思路差距并不大，后面就不太一样了。

既然头尾相加等于四块金子的总重量，那么六个组合的总重量加起来就等于三倍的四块金子的总重量。再从中减去已知的五个组合重量的和，就得到未知的那一组的重量。

$(95+140)\times3=705$

$95+109+121+126+140=591$

$705-591=114$

下面的解答方式与狄仁杰类似，不管是甲＋乙和甲＋丙的数字差，还是乙＋丁和丙＋丁的数字差，都能算出乙＋丙的数字差为14，从而得出乙等于50文整的结论，剩下的自然不用赘述。

两位小伙伴都得出了正确的结论，鹿鸣感到非常高兴。同样，狄仁杰与程俊也感到了自己的进步，至少现在他们已经能够主动寻找适合自己的思路和解法，这是个不小的进步。

鹿鸣拿着结果给何坊主看了，何坊主也感到很满意，说："现在这四块金子已经分开了，等他们来了就让他们自己认领吧。"虽然不能精确地称量每块金子的重量，但哪块重哪块轻还是比较容易测出来的，那几个胡人肯定知道自己的金子是重的还是轻的，到时候再胡搅蛮缠，何坊主就不怕他们了。

把图样和要求交给何坊主之后，就没鹿鸣什么事了。剩下的定样、画稿、建模、打造、精修之类的活儿都可以让狄家家仆盯着，而不必自己天天守着。

从何家作坊出来，鹿鸣对狄仁杰和程俊说："这次给道之先生添了麻烦，他还特意给我推荐了这家作坊，我是不是应该去拜访一下表示感谢？"

"应该的，我们现在就去吧，路上买点礼物带上。"狄仁杰说。

程俊自然不反对，于是三人带着队伍呼啦啦地向李淳风

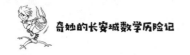

府赶去，在街边店里买了一些时令糕点。

无巧不成书，鹿鸣等人上门感谢李淳风，好巧不巧地又遇到了东海国的韩氏兄弟。这次，韩氏兄弟是先来的，鹿鸣等三人进堂屋的时候，正好看到李淳风无奈地端着碗发呆，坐在客位的韩氏兄弟中的哥哥韩文吉正在滔滔不绝说着什么，看到鹿鸣进来立刻闭上了嘴。

按理说，在主人家见到新客人来了，已坐了一阵的客人就该告辞了，可这兄弟俩不知道是不懂礼数还是装傻，屁股死死地挨着座席，就是没有挪窝的打算。

鹿鸣、狄仁杰和程俊按照礼数向主人及客人见礼，宾主互相行礼后再度坐下。然后鹿鸣就发问道："这不是东海国的韩氏兄弟吗？不知上次给你们出的题，有没有想到解法呀？"

没等对面接话，程俊就故意说："鹿郎君怎可小看人，东海国人才辈出，韩氏兄弟能来长安留学必是人杰，岂能被你那小题所难。"

这话说得十分阴险，叫韩氏兄弟无法作答，说解出来了那是骗人的，说没解出来又配不上"人杰"这夸赞，变成了名不副实的水货，真是左右为难。

李淳风正觉得这兄弟俩十分烦人，刚才言语暗示多次，他们都装作不懂，硬是不肯告辞。现在鹿鸣等人来怼他们，李淳风不会为他们解围。

沉默良久，气氛非常尴尬，弟弟韩文俊硬着头皮说道：

"好教郎君得知，我兄弟这几日都在国子监就学，些许闲暇又要应付交际，仓促之间确实没有得出答案。"

李淳风放下碗，摸摸胡子，心里对韩氏兄弟略有改观，虽然两人没有眼色又傲慢自大，但尚有廉耻之心，还不算无可救药。

鹿鸣性子没有那么激烈，也不会逼着韩氏兄弟非要答出来不可，为难他们一下就算了。韩氏兄弟被这么怼过之后，无颜再久留，正准备告辞，却又听到鹿鸣问道："前几日太子殿下入城，我在人群中看到你们与一胡人交谈，不知那人是谁？"

韩氏兄弟没料到鹿鸣会问出这个问题，一时语塞后，韩文吉迟疑着答道："不知那人具体名姓，只说是突厥使团成员，好像是一名特勤。"

鹿鸣又问："你们是怎么认识的？"

韩文俊着急地反问道："郎君这是何意？"

程俊在一边已经听懂了，他立刻开始敲边鼓，说："你们还不知道，那人牵涉进了一桩袭击郡主的大案，若是知情不报，不怕金吾卫上门吗？"

韩氏兄弟听了并不特别吃惊，显然早就知道这件事。之前一直装傻，现在装不下去了，韩文吉这才说道："唉，那是十日之前，我兄弟俩去鸿胪寺，偶然间与那特勤相识，现在想来，应是那人主动找我等结交。"

韩文俊接着说："那特勤自称阿史那博庆，说是为乙毗射匦可汗做事，后来他煽动我与兄长，要一同在长安做番大事。我们深知此事不可为，因此拒而远之，不曾与其共谋，望诸位明鉴。"

与鹿鸣听到的片段相印证，觉得他们说得八九不离十，便点点头说："这么说，当日你们与阿史那博庆乃是偶遇？"

"确实如此！"两兄弟异口同声地答道。

看看没有人追问，韩氏兄弟告辞退走。他们走后，李淳风这才询问刚才所谓的"袭击郡主"的大案是什么，看起来他还不知道这件事。

狄仁杰将事情简单交代了一番，听闻妙真受到袭击，李淳风顿时有些诧异，待听到妙真无事之后才说："此事非常蹊跷，妙真与世无争，谁会找她麻烦？"

鹿鸣将那天自己跟踪的事情和后续猜想讲了，李淳风听后捋着胡子沉思了一阵，然后说道："此事扑朔迷离，眼下还不是轻举妄动的时候，你们出门在外要注意安全。突厥人这种做法，于大局无补，实乃小道。大国相争，岂是这些雕虫小技能改变的。"

李淳风的看法与程俊的家人看法大同小异。对鹿鸣的猜测，李淳风安慰道："阿史那博庆那人目光短浅，其策略只顾眼前，于大局无益。不论他是为谁做事，总归是大唐在西域一带的敌人，我大唐按自己的步调行事，若内部齐心，国势蒸蒸日上，自然攻无不克。"

听了李淳风的分析，鹿鸣觉得豁然开朗，现在想想也是关心则乱，只要妙真无事，今后诸人加强安全保卫工作，应无大碍。

又坐了一阵，聊了一些算学上的问题，鹿鸣打算告辞了。临行前，李淳风迟疑了片刻，低声说道："那韩氏兄弟所言不尽实，他们乃是国子监学生，去鸿胪寺做甚？这一点十分可疑。小郎君切莫大意。"

拜别李淳风后，三人并骑回崇义坊，狄仁杰也说："道之先生说得在理，那韩氏兄弟肯定隐藏了什么，要知道皇帝陛下征辽东，打的就是东海国，他们却在长安一心求学，真是可疑。"

程俊也知道现在不是动用金吾卫或左屯卫的时候，当即说："这事好办，我去找人盯着他们，看他们平日与谁接触，做了什么事，再来计较。"

鹿鸣觉得小心无大错，自然同意程俊的建议。

觐见太子

接下来几天，程俊和狄仁杰老老实实地去国子监上学。他们和韩氏兄弟就读的班级不一样，国内学生和留学生有时候混编教学，有时候又分开教学，他们一直没有遇到韩氏兄弟。

国子监里也有许多来自西域诸国的学生，狄仁杰与他们交流时了解到，西突厥汗国之前被推翻的乙毗咄陆可汗出逃的方向正是西方，据说落脚点就在碎叶城一带。这个传闻让狄仁杰想到了西市客栈那个粟特老头的行商记录，这似乎预示着什么。

程俊和狄仁杰上学去了，妙真也在宫里，鹿鸣只能老老实实待在崇义坊。为了安全起见，狄仁杰和程俊给他加派了几名护卫，叮嘱他不要单独出门。

何氏作坊那边的监督工作，交给了狄黄处理，鹿鸣特意嘱咐此事对狄仁杰和程俊要保密。狄黄知道这是鹿鸣给他们的礼物后，笑着保证不会说出去。

鹿鸣无事可做，只能提前过起了"退休生活"，每天看书练毛笔字，再不就是给火骝梳毛聊天。都闲到跟马聊天

了，你说他得多无聊。

这天下午，鹿鸣练完字又感觉无聊了，于是拿着毛笔在纸上画画。他不会画花鸟鱼虫，画的都是网络表情包。他来到这里一开始真不习惯没有手机和网络，时间长了慢慢地也习惯了。如果能去国子监听课，估计他就不会这么无聊了。

画了许多表情包之后，鹿鸣放下笔，洗洗手拿起点心啃着，同时欣赏自己画的各种表情包。这时，有人敲门，很快狄家仆人带着窦三过来。窦三叉手行礼说："窦三给鹿郎君问安，小主人派我来送信，请鹿郎君亲启。"

窦三说完从内袋里取出一封信，双手递给鹿鸣。鹿鸣接过信，先谢了窦三，这才把信封撕开取出信纸。展开信纸，妙真一手秀气的字迹映入眼帘，信件内容如下：

鹿郎君：

久疏问候，不知郎君安否。郎君所念之事，亦有进展。某在宫中多日，甚为想念与诸友共游之时，持书此信，以免郎君忧虑。

前次与君所言，其名小雅，与某同岁，昨日同游北海望云亭，小雅携白猫一只，甚为珍惜，且言谈间对郎君颇有好奇之心。以某所见，其人与郎君所寻之人亦十分接近。

今日听闻，太子殿下欲再寻汤等入宫，似有征询之事。届时某试安排郎君与小雅公主相见，便可水落石出。

某甚忙，勿忧。

信件没有落款，也无印信，但字迹做不得假，而且是窦三送来的。鹿鸣看完之后开始期盼太子的召见了，他对窦三说："且稍待，我写封回信。"

窦三笑道："郎君自便，某在此等候无妨。"

鹿鸣肯定不会让他站着，吩咐旁边的仆人带窦三去休息，顺便喝水吃些点心，他写信也不是一时半会儿就能写完的。

展开信纸，提起毛笔，鹿鸣歪歪扭扭地写下回信：

妙真：

收到你的信，我很高兴。

前几日发生你受袭之事，初听到时十分担忧，不知你情况如何，若平安，那我也放心了。

你在宫里，怀英与处侯都在国子监就学，这几日十分无聊，却又无人倾诉，只好与火魂讲话，却无有回应。

今日练字时画了一些表情包，啊，这个洞或许你看不懂，但看到画应该就明白了，随信寄去，若能博大家一乐，也不白费我一番工夫。

待到入宫时，或能相见，再叙。

遗憾。

写完信，鹿鸣也没有留落款，印信自然也是没有的，把信纸折叠，塞进信封，封上口子。那边窦三喝了水便匆匆过来侍立在旁，见到信已写好，便伸手接过，行礼后告辞而去。

鹿鸣起身送到门口，看到窦三上马离去，叹着气回到树下。

入夜前宫里果然有传信过来，让他们三人明日午后去东宫。狄仁杰不知道这次唤他们入宫是为何，但程俊从他父亲那里听到了一些小道消息，似乎太子殿下要当面夸奖他们。

当天上午，程俊与狄仁杰还是要去国子监，只不过中午便可出来，下午就不用去了。

吃过午饭，三人整理好装束，带着50多号人马，仍按照上次的路线入宫。

这次没有让他们在左春坊干等，宫人直接引到了显德殿外回廊上等候。大约一炷香时间，就听到有人传他们进去。

显德殿是东宫的主要建筑，李世民在"玄武门之变"后就在这里处理政务，直到李渊退位才正式搬到太极宫。

进入大殿之后，鹿鸣好奇地抬头打量着显德殿的布局，似乎与紫禁城的太和殿有几分相似，布局对称，纵深很大，空间广阔，给人以幽深肃穆的感觉。

领他们入殿的宫人，看到鹿鸣如此东张西望，不由得连连咳嗽，拿眼神看着程俊和狄仁杰，意思是"你俩还不管管他"。

程俊装作没看见递来的眼神，低着脑袋装马虎。狄仁杰心善，怕宫人为难，稍稍碰碰鹿鸣的肩膀，提醒说："注意御前仪态。"

鹿鸣想起之前狄仁杰培训过的内容，连忙微微低头。

三人来到大殿的台阶前，这处台阶距离主位大约有三丈的距离，辅佐太子的大臣一般就在台阶下汇报工作，只有太子亲近的人才能走上台阶。

接下来就是一套例行公事，先有宫人宣布上殿觐见，然后台阶上的一位宫人拿出一卷有字迹的绢布开始念。大意是说程俊、狄仁杰与鹿鸣等三人忠君爱国，发现了坏人的阴谋，为大唐盛世添砖加瓦之类的官样文章。

念完了之后，鹿鸣稍稍抬头，终于看到了坐在主位上的太子。太子有一张白净脸蛋，脸上表情严肃，略显疲惫。他戴着幞头，身穿紫色圆领袍，与普通人差别不大，只是腰带上点缀的玉石更多。

程俊作为代表，接过了那卷绢布，又带头行礼谢恩。狄仁杰也跟着行礼，鹿鸣这才跟着学。

按理说，他们三人可以退下了，但太子突然问道："听闻鹿郎君算学出众，可有此事？"

"啊？"鹿鸣一时间没想到会有此问，惊讶地抬头看向太子。

一旁的宫人气得要命，心想这小子怎么如此无礼，殿下问话竟然不答。

鹿鸣很快就反应过来，连忙谦虚地说："都是他人抬爱，不敢自称出众。"

原以为太子还要考校一番，谁知道太子笑了笑就示意接见结束。旁边那宫人立刻出列领鹿鸣等人出去，生怕他们待久了出事。

出了显德殿，那宫人也不告别，哼了一声转身就走。

程俊嘿嘿笑，狄仁杰无奈地说："鹿郎君天真烂漫，倒也别有天地。"

鹿鸣不太懂他们说啥，想着昨天妙真信里说的事儿，便催促说："走吧，别在这里待了，昨天妙真说在宫里见面，也不知道她现在在哪儿？"

三人眼瞅着没有人来接头，只好慢悠悠地原路返回，往南边的宫门移动。走到半路，路边有一个宫女过来行礼后说："可是鹿郎君？"

鹿鸣还没说话，程俊抢先答道："正是！娘子有何指教？"

那宫女迷惑地看着程俊说："郎君莫不是逗我？主人可没说鹿郎君有胡子。"

狄仁杰忍不住笑了，拨开郁闷的程俊，推出鹿鸣说："这才是鹿郎君，那厮是程国公家的十一郎。"

宫女打量了一番，微微点头，笑道："请随我来。"

三人与随行的几名护卫跟着宫女绕来绕去，来到了一处湖边，这湖面积有几百平方米，是典型的唐朝园林风格，有观景亭和曲廊，还有大片的绿化植被和花丛，池塘边还有石质宫灯可供晚间照明。池塘对岸是一座三层阁楼，似乎是避暑纳凉观景之用。

宫女示意他们三人在此稍候，说："你们且在此等候，我去去就来。"

这些奇怪的举动让三人都莫名其妙，鹿鸣灵机一动想到了电视剧《水浒传》里的"林冲误闯白虎堂"，连忙问道："这里不会是什么军机重地吧？"

程俊答道："怎么可能。这分明只是一处景观池。"

狄仁杰看看围栏尚且干净，转身坐下道："既来之，则安之。等着吧。"

等了没多久，鹿鸣突然感到手环震动，他赶紧站起身走到一边撸起袖子一看，上面正闪烁着一行字："已发现生物信号！"

手环的搜索范围内出现了杜若的生物信号！鹿鸣顿时一激灵，抬头打量四周看看哪里有人。程俊和狄仁杰看到鹿鸣的奇怪举动，过来询问。鹿鸣让他俩帮着打量哪里有人，于是他俩也东张西望起来。

鹿鸣很快注意到了池塘对岸的阁楼，刚才三楼楼阁四周还围着草帘，现在靠池一面的草帘被取下了，三楼阁楼栏杆后面似乎有两个人站着。

鹿鸣连忙按动手环上的按钮，切换成了信号方向指示，果然指针指向阁楼方向。

观景亭距离阁楼有大约70米，鹿鸣勉强能看清阁楼上是两个发型不同的女性。左边那个非常眼熟，可能是妙真，那么右边的就是那位小雅公主了。

那边的人应该也认出鹿鸣了，阁楼上两名女性似乎想下

鹿鸣远远地看到宫殿阁楼上有两个熟悉的人影

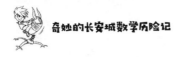

楼，却被人拦住，只好又回到栏杆处，向这边张望。

鹿鸣看到这一幕，意识到在守备森严的宫里，他的身份是见不到公主的。

随后，他们三人被送出了东宫。

第三十一章

公主的身世之谜

确认了小雅公主就是杜若，却无法碰面，这让鹿鸣十分忧心。回去的路上，狄仁杰看出鹿鸣有心事，再联想到寻人一事，若有所悟。

三人回到崇义坊狄府，坐下闲聊了一阵，狄仁杰这才问道："适才宫中逗留，鹿郎君是不是有所发现？"

鹿鸣一直想着心事，听到问话这才想起还没向朋友们说，连忙解释道："是，刚才在那湖边的观景亭里，我看到对岸阁楼里有两个人影，看起来很像是妙真与公主。她们想下楼时却被人拦住——我们也很快被送出来。想到这里，心中忧虑，怠慢了两位。"

程俊听完猛拍大腿道："鹿郎君这说的是什么话，俺们兄弟至诚之交，不讲这些虚的，你的事就是俺的事。只不过，皇宫禁制森严，确实不好办啊。"

虽然大唐风气较为开放，但没出嫁的公主管得还是很严的，一个人跑出宫微服私访绝对是不可能的。在当时的风气里，女性独自出门非常少见——尤其是富贵人家的女性，一

唐朝捧帷帽侍女图

个人跑出来很可能会被巡街武侯当成私奔者抓起来。

正常情况下，女性出门需要带侍女和随从，可以骑马或者坐车。唐朝初年时，女性出门还要戴帷帽，形似斗笠，边沿挂着纱帘，起到阻隔外人视线的作用。大唐真正开放起来，还是要到开元年间，那时候女性出门可以不戴帷帽，甚至穿男装在街上纵马狂奔。

当然穷苦人家的女子为了生计，单身出门也是有的。这种情况，很少有巡街武侯去拦住问话，因为担任武侯职务的多半也是平民或府兵出身，很可能他们的妻子也要出门赚钱养家。

不管什么朝代，在首都生活都不是那么容易的。

狄仁杰也非常为难，手指头敲打着桌面说："诚如十一郎所言，皇宫禁卫森严，只有年节、生辰等日子才有放开的机会，只怕还要从长计议。"

程俊说："可惜了，若是上次马球赛时太子在京，说不定会出来看马球，倒是有可能见到公主。"

狄仁杰琢磨这也是个办法，对鹿鸣说："十一郎说得有道理，我们可以打听一下，最近哪里还有这样的比赛，到时候让妙真请公主来观看。"

他们在这里商量，宫里妙真和小雅公主也在谈这件事。

今天在阁楼上看到鹿鸣等人在对岸观景亭里，小雅公主就表现得很激动，她想下楼去与鹿鸣相认，结果被典仪拦下。这典仪是宫中女官职位之一，负责礼仪导引之职，为正八品，她上面还有司仪之类的女官，都属于尚仪局。

这典仪并非故意为难，她受皇帝所命、太子所托，自然不敢玩忽职守。皇帝和太子也不是说要禁锢小雅公主，就是见她过于单纯，又不通本朝风俗，且身份尊贵，因此看管甚严。

她俩目送鹿鸣等人走远，只好又回到武德殿，两人走到后殿，挥退宫人后凑在一块儿窃窃私语。

妙真与小雅公主共坐一席，两人中间趴着惬意的白猫咪咪，妙真轻轻地摸着咪咪的软毛，咪咪舒服地打起了哈欠。

小雅公主忧心忡忡地揪着衣带，好好的腰带都快被她揉成腌菜了。妙真看她这样，暗自叹气，说道："目下看来，在宫中相见已不可能，得另寻他法。"

小雅公主神色忧虑地说道："我知道皇帝和太子哥哥都是为我好，但是……唉！"

当初被时空传送到唐朝，她的运气真好，直接掉到太极宫北海池内。唐太宗李世民因为晋阳公主去世心情抑郁，正在北海泛舟散心，将其救出后发现，她与几个月前去世的晋阳公主李明达相貌神似，且年岁相近——李世民痛失爱女之后的忧郁之情当即散去了一半。

杜若醒来之后发现自己到了唐朝，李世民询问时她也没有隐瞒太多，讲了自己是来自后世的人，并不知道怎么来到这里，也不知道回不回得去。李世民派人在长安暗查后没有发现与她相似的走丢女孩，加上当初掉入湖中时天象异常，于是相信了她的说法。

李世民把杜若当成上天垂怜他痛失爱女的补偿，于是不顾反对将杜若立为公主，不但赐姓李还改名为小雅，只不过还没有进行册封仪式。当时李世民即将亲自出征辽东，在出行前对小雅说过，从辽东回来就进行册封大典。

上述之事妙真与小雅公主深入接触之后才逐渐了解一二，她现在正开动脑筋，要想一个办法让小雅能与鹿鸣见面，这样才好真正确认身份。当然，她还不知道鹿鸣已经通过手环确定了小雅公主的真正身份。

想来想去，妙真有了一个绝妙的主意，她把缩成一团的白猫还给小雅公主，说道："近日天气晴好，秋高气爽，不如组织一场围猎大会，皇室与世家都去参加，这样你也能跟着一起去，到时候见机行事，肯定有办法的。"

这个主意让小雅公主眼前一亮，她接过白猫顺手搁在左手边的凭几上，高兴地说："这个办法好！我过会儿就去找太子哥哥说这件事。"

她们聊得很开心，被冷落的白猫不乐意了，不停地喵喵叫着，仿佛在说："你们两个铲屎官为什么不理朕？是朕不美了，还是在外面有别的猫了？"

且不说小雅公主如何安抚白猫。妙真当即写好书信令窦三送去崇义坊，让鹿鸣等人做好围猎的准备，免得临时慌乱准备不齐，不能参加就太糟糕了。

鹿鸣收到妙真的信，看完之后交给狄仁杰和程俊。然后三人开始商量参加围猎的准备。

唐朝时，打猎是贵族们特别喜爱的一项社交活动。没错，这不是体育运动而是社交活动，不是为打猎而是为联络感情。

与普通人想象中的猎人单身进山打猎不同，唐朝贵族打猎，会带上猎犬、猎鹰，还有一大堆仆从。若有家世豪阔的公子哥，还会带豹子出来打猎。

围猎时寻一块草木丰盛之处，先派遣手下将其围上，敲锣打鼓、飞鹰走狗地将众多猎物赶到一块狭小地域中，此刻才是他们上前展示箭法武艺的时候。那种单人独行、寻兽踪下陷阱的做法，唐朝贵族是不干的。

由于围猎活动参与的人数多，物资多，加上其社交属性，因此花费不低，但唐朝皇室及贵族特别喜欢围猎，每年都会举办很多次。

围猎活动，第一需求肯定是马匹，鹿鸣等人都有马，这一条可以略过。武器方面，以弓箭为主，鹿鸣不会使弓，程俊是此道好手，他负责教鹿鸣射箭。猎犬及猎鹰，狄仁杰家里有。程俊说他家可以出一只猞猁狲，这种动物俗称山猫，乍一看像一只小豹子，体形不大，很适合放在马鞍后面一同骑行。

参与围猎还需要很多家丁和仆人鼓噪助威。程俊算了一下，他现在每日出行带有十多个人，再找家里要十多个不成问题，到时候凑30人便可。狄仁杰在家中排行老大，眼下自己单独住，也有十多个使唤人，再找狄老太爷借上十多个，也可凑30人。只有鹿鸣最孤单，除了一匹火骝，啥也没有——马还是别人送的。

出去围猎肯定不是一天的事，还要携带车马帐篷、饮食器具、工具食材、床铺座席、备用材料等，这些准备工作也得两天左右。

狄仁杰统计完之后发现，就这一次围猎，三人一共要花掉几十贯，可见围猎活动真能促进消费啊。

　　采购物资、准备车马帐篷食物工具这些活儿自有管家及仆人操心打理。接下来这两天，程俊和狄仁杰就要教鹿鸣射箭，主要是程俊教。

　　到了第二天中午，窦三传信过来，宫中定于三日后在西郊进行围猎，地点在兴平附近。

　　若不是今年征辽东，唐太宗李世民会到九成宫去避暑，多半也会带小雅公主同去，那时候鹿鸣想见公主都见不着。

　　九成宫位于长安城西北，现在的陕西省麟游县境内，宫内有一块九成宫碑，上面刻写的九成宫醴泉铭，由魏征撰写，欧阳询手书，是古今书法学习者必临摹碑帖之一。

　　这次的围猎地点兴平，就在长安与九成宫之间，再往西就是唐朝著名的历史事件发生地——马嵬坡。

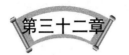

第三十二章

练习箭术

在唐朝，骑马几乎是人人必学的技能，但弓箭不是，因为弓的价格贵，保养麻烦。马虽然也贵，可以借着学，弓就不能随便借了，毕竟是一种有杀伤力的武器。

市面上一匹普通的马，价格在15到20贯之间；给马配齐口嚼、缰绳、马鞍之类的配件，普通的也要两三贯；每月的草料和豆料也需要千文左右，如果再加上一个马夫，月俸也差不多这个数。

再来看弓，唐朝的弓大致分为四种：长弓、角弓、稍弓与格弓。长弓属于步兵所用，弓身长，射程较远；角弓属于骑兵用弓，弓身较短；稍弓是近战用的短弓，一般是武侯所用；至于格弓，是礼仪用的仪式弓，不具有实战能力，外形雕

唐代铁质箭镞

饰繁复。

程俊教鹿鸣使用的弓就是角弓。一把角弓从备料到制成，需要大概三年的时间，有280多道工序。制作工序多，打磨的时间长，价格贵，一般人根本用不起。角弓的弓身由几个部分组成，外部是桑木或拓木，内部弓胎是竹木。在受力的地方还要加上动物角来补强，一般常用水牛角，这也是角弓的名称由来。水牛角在弓臂内侧的主要作用是承受弓臂的压缩力。

鹿鸣肯定没有使用过弓，程俊从家里带来了一把闲置的角弓给他用。这把角弓是桑木水牛角弓，弓筋是牛筋，使用的都是常见的材料，没有什么豪华的外饰，价格大约是30贯。

程俊自己的角弓是桑木犀牛角，弓身绘有豹纹，握手处有一块虎皮，弓身两端还粘有彩色羽毛。这把弓也是牛筋，但制作工序比买来的弓要复杂——并不是一整根牛筋，而是锤散了之后重新编束起来的，同等直径下这种牛筋拉力更高，射程也更远。这把弓是程家自备材料请弓匠打造的，花了三年零两个月，价格没法估计，真要卖的话至少100贯。

狄仁杰的角弓外观比较朴素，实战能力却一点不差，也是桑木牛角牛筋弓，又经过军中的弓手教练专门调校，保养得又非常好，属于不起眼但用起来顺手的类型。

程俊拿出角弓的时候，鹿鸣还以为这是一根带有弧度的竹竿，见鹿鸣不是很了解，狄仁杰便解释道："弓以蓄力为要，因此不用时要松弦存放保养。鹿郎君看这弓身，如偃月

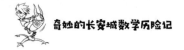

状，却要反过来拉弓弦，以便蓄力，此为角弓也。"

程俊给角弓上好弦，又拿出一把竹弓和一壶竹箭，一并递给鹿鸣说道："鹿郎君初学乍练，先拿这竹弓竹箭使唤，待到练习惯了，再换角弓。"

唐朝人管箭壶叫胡禄，一般都是木质或者皮革质，有钱人会用豹皮或者虎皮之类的昂贵材料，以显示财力和身份。程俊给鹿鸣准备的是牛皮胡禄，结实耐用，初学者用这个正好。

程俊去装他自己的角弓了，狄仁杰暂时接管鹿鸣教学之职。他带鹿鸣来到院子里设好的箭垛前，拿起自己的角弓说："你初学，因此要先习惯拉弓的动作，用这把竹弓正好——看我的动作，我给你演示一遍，注意放弦后的保护，不要让反弹的弓弦伤了手。"

初学射箭最怕养成坏习惯，比如习惯性前倾或后撤，狄仁杰学箭时也被严格教导过，他现在教鹿鸣也是这样教的。鹿鸣看狄仁杰拉弓的动作，侧身而立，腰杆挺直，头偏向左侧，闭一目瞄准，左手执弓如持矛，右手扣箭尾拉弦。

狄仁杰并没有实射，只是将竹箭搭在弓身上给鹿鸣演示动作，演示了两遍之后放下弓说："基本动作就是这样，鹿郎君你先练着，等身体熟悉了拉弓的动作再来实射。"

狄仁杰要求鹿鸣只拉弓不搭箭，先把拉弓的动作练到位。鹿鸣对射箭还是挺感兴趣的，拿起竹弓开始练习动作。狄仁杰指导了一阵，等到程俊过来就交班，站一旁找自己的手感去了。

程俊看鹿鸣拉弓接近20次，觉得差不多了，便让鹿鸣进一步，不光拉弓，还要放弦。幸亏这把竹弓的拉力很低，不然以鹿鸣的臂力，连续拉这么多次，早就没劲了。

古代的弓箭手都是粗膀子大汉，因为拉弓是个力气活，没有力气根本不可能连续拉弓射箭。鹿鸣刚刚发现这一点，他心里嘀咕，原来游戏和影视作品里都是骗人的，什么弓箭手要瘦弱敏捷才能射得准，都是假的。就算是用这么轻的竹弓练习，鹿鸣拉了30次就已经膀子发酸。程俊让他休息半个时辰，再进行下面的训练。

初学者休息了。狄仁杰和程俊闲来无事，打算比拼一下，请了鹿鸣来当裁判。两人约定，以中的多少为准，多者为胜，败者负责今日的餐食花费。

唐朝的箭垛没有环数，只在中心有个红色圆，射中箭垛为中，射中红圈为上，脱靶为下。

狄仁杰和程俊相距五尺站立，各自面对一个箭垛，等鹿鸣一声令下便开始拉弓射箭。程俊的射术水平较高，但他性格急躁，拉弓速度快，瞄准时间短便脱手放箭。狄仁杰性格稳重，一定要有把握了才放手，但由于拉弓持续时间长，臂力消耗高，影响了后面的准确度。

每人射了十支箭，程俊得了六上四中，狄仁杰是五上五中，最后一箭险些脱靶。虽然输了，狄仁杰也不懊恼，揉着膀子笑道："还是要再练练臂力，我这次就输在臂力不足。"

程俊去把竹箭从箭垛上拔下，边拔边说："怀英就是太稳了，角弓力足，拉久了手臂吃不住，稍有把握就放，只要心境平，多射几箭也可多些机会。若是比心境，俺不如怀英。"

鹿鸣笑道："这么说，那这限定次数的比赛，怀英可吃亏了。"

程俊大笑："是俺占了便宜，那今日餐食俺负责了。"

狄仁杰可不愿意输了不认账，连忙拒绝道："不可。我输了就是输了，今日餐食算我的，谁也别抢。"

程俊也不争抢，道："行行行，俺不跟你抢。你管餐食，俺管酒，这样可以吧。"

朋友们笑闹一阵，又坐下休息，顺便聊聊围猎的事情。鹿鸣对围猎十分好奇，程俊便将自己参与过的两三次场面挑有趣的讲了讲，狄仁杰参与的围猎只有一次，还是在太原时，便不怎么插话。

鹿鸣听得挺入迷。世家们各出奇招，细犬、猞猁、鹞鹰、金钱豹、藏獒都出现过，当然也不乏带着鹦鹉、幼犬等宠物来游玩的世家女。

聊起天来时间过得快，吃过饭食之后，鹿鸣继续练习。下午程俊让他开始试着用竹箭搭弓，慢慢习惯拉箭。又休息一次之后，鹿鸣尝试实射，一开始挺惨的，三箭全部脱靶。程俊和狄仁杰没有笑话他，而是帮他分析动作要领，又手把手地指导，终于在第五箭中的了。

练了一天，鹿鸣感到两条手臂都酸得很，到了下午申时整，程俊就不让他再练了，免得明天他的手提不起来。程家护卫里有个武师出身的，他懂一些跌打损伤的治法，程俊让武师给鹿鸣揉捏一下，松松筋骨。鹿鸣以为是按摩，谁知道按起来酸痛得很——差点喊出声，那就太丢人了。

吃晚饭前，程俊要回家了。他邀请大家明天出城去程家庄园玩，顺便练骑射。鹿鸣当然没有这个水平的，他只需要负责玩和吃，真正要练骑射的是狄仁杰。

程家的庄园位于城北，与皇家园林相距不远，面积就差得太多了，只有皇家园子的八分之一。即便如此，这处园子占地面积也差不多有一座山头那么大，除了高墙深垒，还有箭楼和石堡，还可以当作一处军事据点。

整座庄园除了建筑物外，还有大片的林子和草地，这些林地基本处于荒废状态，主要供主人家来打猎游乐之用。

去程家园子那天，程俊带着一帮家丁和一条细犬，赶了一群野羊、几只野鹿还有十多只野鸡野兔。他射中了一只羊，当天鹿鸣吃的就全是羊肉。狄仁杰没有去参加围猎，专心在野外的场地里练习骑射。骑马射击的难点是马匹的移动、颠簸与射击准确性的矛盾，这不但需要射手有足够的射术，还需要人与马匹的默契沟通和配合。

狄仁杰骑马飞奔时，鹿鸣时不时地练练原地拉弓射箭。野外的箭垛距离比较远，大约30步，鹿鸣竟然也射中了两箭，这让他对射箭的兴趣更浓了。

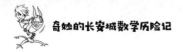

　　在程家庄园逗留了一天，再回家休息一天，安排狄黄去取了铸造完成的纪念币。

　　马上就要出城参加围猎了，鹿鸣感到十分紧张，也不知能不能见到杜若。万一见到杜若了，就可以返回现代了，该怎么与朋友们告别呢？愁死他了。

出发，围猎

到了围猎的这一天，鹿鸣起得特别早。他搞完个人卫生，扎好头发，穿好衣服，拉开房门，抬头看见与初到唐朝时同样的天空，心情却已截然不同。鹿鸣回头打量着房间，在这里他度过了大半段暑假的时间，也逐渐习惯了这里的一桌一椅，今天却有一种"不舍"的心情漫上心头。

有人说少年不懂别离滋味，事实上并非如此，他们只是没有把别离看得太重，因为他们的未来有无限可能。但对鹿鸣来说，这次别离也许就是永恒，即便他能再次时空旅行，根据杜博士的时空理论，他也无法再次来到这个时空。

杜博士的时空理论中，每一个时刻都有无数的平行时空，每个选择都会产生更多的平行时空。而时空传送，就是在无限的平行时空中随机选择，除非那个平行世界有时空道标作为指引。鹿鸣和杜若能回到现代世界的理论基础，就是依靠手环与原本所处世界产生的道标联系。

轻轻地带上房门，鹿鸣在院里慢慢踱步，目光从每一处角落、每一个用具上扫过。在这座院子里，他与朋友们第一

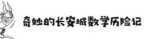

次煮茶，第一次打三国杀，第一次学射箭，第一次吃焖驴肉……

两个月来，鹿鸣已经熟悉了院里的一草一木——也许很快就要离开这里，再也见不到这熟悉的唐朝生活了，难免有些情难自禁。

狄仁杰来到前院，看到鹿鸣坐在石凳上发呆。他走到旁边坐下整理着袖口问道："鹿郎君今日起得真早，朝食可用过了？"

鹿鸣回过神来，看着狄仁杰说："怀英，若是有一天我不告而别，你会不会怪我？"

狄仁杰一愣，仔细端详着鹿鸣，说道："看起来没病啊？怎的突然说这话？"

说完这话，狄仁杰突然又想到什么，看着鹿鸣说："若是鹿郎君不告而别，肯定有你的苦衷。我定然不会怪你，但是会想念你。"

这番话让鹿鸣心情低落，总觉得自己对不起朋友，他因此做了个决定，如果临走前可以与朋友们告别，就把真相都告诉他们。如果不能，他们责怪也是理所应当。

狄仁杰想了想，起身说道："我去买些朝食，鹿郎君今天想吃点什么？"

鹿鸣说："我与你一同去吧。"他想再看看唐朝的早点摊子，以后可能都看不到了。

出门来到坊内十字街，朝食生意依旧很火，看来唐朝人也不爱在家做早餐。鹿鸣今天心情不佳，吃了两块胡饼，喝了一碗面片汤。就在他们吃喝时，程俊带着一大帮人过来了——看到他俩坐在店里，跳下马三两步就蹿进来。

"给俺也来一碗，多加蒜！"

程俊虽然来得晚，但吃得快——鹿鸣在前襟上找芝麻的时候，他就吃完了最后一口。狄仁杰吃得少，第一个吃完，此刻正站着消食。

三人离开朝食铺子回到狄府，在出发前再次清点有没有缺东西，清点物品花去了半个时辰。院里闹哄哄的，鹿鸣感觉没他什么事，就躲回了屋。

清点完之后集合，鹿鸣牵着火骝，与狄仁杰和程俊一块儿离开了狄府。鹿鸣骑上马回头又回头看了看，程俊已经跑出去十多步，看到鹿鸣没动便喊道："鹿郎君，还看什么？走啦！"

一行人沿着朱雀横街一路直行，便可直达金光门，今天参加围猎的皇族世家等人都要在金光门外会合。与众人一同出门，没有人查鹿鸣的身份，这大概也是贵族特权之一。

金光门外已经是旗帜招展人喊马嘶，放眼望去，可以看到十多面不同颜色的旗帜。程俊指着一面深棕色白字绣红边大旗说："那就是俺家的旗帜，走，过去！"

与程家的队伍会合之后，鹿鸣看到了一对细犬，这种细犬形似现代的灵缇犬，奔跑迅速，捕猎能力很强。细犬被驯兽师牵着，旁边还有一只站在驯鹰师手臂上的鹘鹰。

各世家备好围猎用品，等待太子一同围猎

狄家的队伍也在这里等着，他们带着一只猰狚，这种动物长得像豹子和猫的结合体，耳朵尖尖地竖起，黄色的瞳孔直勾勾地看着人的时候，竟然有一种呆萌的感觉。

两家一共有七辆马车，还有几十匹马，人数加起来超过80人。双方会合之后，再次清点了人数和物资，然后各自休息，等待其他人到齐。

鹿鸣坐不安稳，对着城门张望，程俊跟着坐立不安，狄仁杰看他们这样只是默然无语。

到了辰末时刻，太子的车队终于出现在金光门内，随行有大小车30多辆，骑兵数百，仆从上千。队内的旗帜除李、唐旗之外，还有几面外戚的旗帜，其中就有窦氏。

一时众人云集，现场却鸦雀无声。

太子没立刻出发，先找空地停车，召集了参加围猎的世家代表，分配了途中的任务。虽然在国都近郊，为了安全起见，仍要有骑士负责前后左右的哨探工作。这些工作由参与围猎的世家分担，太子的骑兵主要负责保护太子车驾，护卫中军。

除了这几百骑兵之外，左屯卫还派了一支千人队负责保护，领头的将军接了太子将令之后，又来与程俊讲了两句，这才告辞。

鹿鸣远观左屯卫的千人军阵，发现人人有马，其中三百骑兵是携带角弓负责追击与侦察的轻骑兵；五百名步弓手使用的是长弓并带有横刀、短矛；还有两百纯步兵，他们穿锁

唐朝仪卫出行图

子甲或者细鳞甲，手执方形盾牌，携带有横刀与陌刀。

程俊指着左屯卫的千人队说道："这支左屯卫千人小队，贼匪没有十倍兵力是不能击溃他们的。"

唐军战法，骑兵先进行侦察与骚扰，远距离以弓手投射为主，造成杀伤及降低敌方士气，接战之后两百重步兵可以组成陌刀阵，五百名步弓手可转为轻步兵，骑兵寻机攻击敌后或侧翼，这种战术对乌合之众的确可以一打十，甚至没等接触重步兵对方就会崩溃。贞观年间是府兵制最为强盛的时期，士兵求战心切，士气和战斗意志都很强，就算是面对敌国正规军，常常也能获得一比二到一比五的战损比。

程俊讲起军事上的事情特别来劲，说完了军事战法，又讲起八卦。他说皇帝陛下出发去辽东途中，每到一地就有大量的年轻男子自备盔甲兵器前来投军，要求参加征辽之役，李世民全都婉拒了，因为他带的兵已足够。

这段八卦讲完，太子殿下也分配好了任务，围猎的队伍逐渐开动起来。打头阵的是皇帝的大舅子长孙家的车队；接着就是程家与狄家，鹿鸣也在这一队；后面是李绩家和尉迟家；再后面就是太子的车队，公主和妙真都在这里；太子车队后面是窦家，也就是妙真她爹家的；后面还有一大串就不再赘述。

队伍从头到尾，拉出了有十多里地，不断有骑兵来回奔跑，检查有没有掉队的，再就是替各家传递一些消息。

从长安出发，要经过咸阳，过渭水，经茂陵，才能抵达兴平。这一段路并不崎岖，都属于关中平原，只不过过渭水时由于桥窄通过量较低，耽误了一些时间。

上午九点出发，下午四五点抵达，由于参与围猎者众多，赶路速度快不起来。到达了兴平以北之后，各家以太子车队为中心圆形分布，各自建立起营地，又在外围竖起栅栏，防止有贼寇或野兽袭击。

这次围猎，程知节和房玄龄都没有来，因为他们要负责长安的守备与日常工作。太子殿下肯定不会亲自处理琐事，便委任了长孙家来负责营地的管理。

仆人们竖起几座大小帐篷，鹿鸣也分到了一座小的，自然有人替他们把家具和床铺摆好，还有专门的厨子。

吃饭的时候，程俊和狄仁杰先去与下属们喝了一巡酒，这才回到帐篷与鹿鸣一块儿吃饭。狄仁杰安慰鹿鸣：“鹿郎君勿忧，明后两日围猎，时间充裕，等妙真派人来即可。”

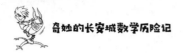

　　鹿鸣想的可不止这些，他陷入了一种奇怪的情绪中，一边是向往着回到熟悉的现代生活，一边又舍不得这些唐朝的好伙伴。如果以后还能回来看望他们，他肯定就没这么伤感了。

第三十四章

围猎问题

　　唐朝围猎是一种礼仪和社交活动，每年皇帝要在冬季进行一次"狩礼"，围猎的场面很大。首先要通过兵部发文给狩猎场地的地方官让他们组织人手对猎场进行整理。同时工部下属四司之一的虞部司要对场地进行布置，主要是在场地上插旗进行标记。虞部司是专门负责管理山泽、园林、草木、鸟兽的部门，该机构最早出现在三国曹魏时代，在唐朝设有虞部司郎中和虞部司员外郎等职位。

　　皇帝出行之前，有专门负责保卫工作的军队先抵达猎场，每面旗帜下都要有一名士兵驻守，这名士兵就要负责管理这面旗帜。兵部宣读狩田令之后围猎正式开始，猎场四周的旗帜是围三缺一，只有南面是开放的。皇帝和诸将的猎队在鼓声中抵达，专门负责驱兽的骑士出发，将猎物驱赶到一起之后，由皇帝先开射，其次是王公大臣，最后才是百姓代表。射到的猎物，最好的献祭宗庙，其次的招待宾客，再次的就直接分了吃掉。

　　每年冬季由皇帝主持的狩猎非常隆重，但次数不多，其

唐代狩猎图

他时候的围猎就自由散漫多了，比如这次。没有兵部发文，也没有提前整理猎场，更没有竖旗标明场地范围。贞观时期的围猎活动还比较收敛，到了唐朝中后期，借着围猎之名盘剥百姓的事屡见不鲜。经常有豪门贵族强征百姓驱兽，还要征用百姓的牛、马、羊等牲畜，甚至还有抢人为仆的劣行。

鹿鸣什么也不懂，跟着两位好友行走便是。第一天狩猎是初猎，太子的车队没有太大的动静，各世家自由组合，也就是社交时间。第二天才是正式狩猎，到时所有人会全部出动，在这一大片区域内进行狩猎活动。

程家、狄家本身就在一块儿，第一天狩猎时自由组合，长孙家和房家各有一队过来搭话。长孙家是六郎长孙澹带着他的一众伴当，房家则是二郎房遗爱。

长孙澹在历史上没有留下什么记载，可谓泯然众人矣。房遗爱可是真正地留下了名字，虽然是不怎么好的声名。三年后，他就会奉旨迎娶高阳公主，在八年后牵涉进高阳公主谋反案中被杀。更巧合的是，审理并发现谋反案的正是长孙澹的老爹长孙无忌。

程家这次只有程俊参与围猎，程俊代表程家与长孙家和房家组队，大家先坐在一起喝小酒聊天。

因为是在野外，特意准备了一些胡凳——跟现在的小板凳差不多，高度只有一尺半左右。喝的酒都是浊酒，跟现在的啤酒度数差不多。程俊、狄仁杰等人这个年龄，已经被视为成人，喝酒是没有问题的。

既然是闲聊，难免东扯西拉，长孙澹看鹿鸣眼生——刚才程俊简单介绍过，听闻精通算学。他在国子监里学过一些算学知识，也有兴趣，便和鹿鸣攀谈起来。

房遗爱对算学兴趣不大，但因经营家族生意的需要，也学过一些比较基础的知识。他看到话题转到算学上，便想出个风头，于是说道："各位，今日乃围猎之时，我们不如以围猎为题，看看谁能先解出，如何呀？"

长孙澹一听房遗爱这么说，就知道这家伙又想出风头。长孙澹与程俊年纪相仿，他父亲长孙无忌常说要与房家打好关系，因此打算顺手帮一把，便说道："久闻房二郎手下人善营生，定有算学大家相助，此次由他来出题如何？"

鹿鸣无所谓，程俊和狄仁杰也没意见。房遗爱看到众人都不反对，乐呵呵地说："既然如此，那我就不客气了。"

房遗爱的题目是这样的：

三月射猎时，我带了一只猎犬，它跑得很快，追着一只狐狸进了草地。当我看到它们的时候，狐狸和猎犬之间的距离有100尺。猎犬每步的跨度大，它跑三步的距离，狐狸要跑五步，但狐狸的跑动频率更快，猎犬跑五步的时间，狐狸可以跑出七步。现在的问题是，猎犬能追上狐狸吗？如果能，那么最少要跑出多远才能追上狐狸？

问题出来之后，程俊谨慎地问道："二郎，这猎犬与狐狸追逐的路线是直线还是曲线，是平路还是林间又或者是山地？天气如何？猎犬昨日吃得饱吗？睡得足吗？狐狸没有帮手吧？"

房遗爱哈哈大笑说："十一郎真会说笑，只是游戏而已，你说的那些统统不计。"

程俊笑道："那我就放心了。"说完就给鹿鸣打眼色。

狄仁杰也笑，他看出程俊故意问这个问题，怕房二郎搞小动作先给他定下框框。

这个题目显然不是房遗爱自己想出来的，对长孙澹来说可谓是毫无头绪。程俊与狄仁杰琢磨之后发现，整个题目里没有出现具体的数据，比如具体的时间与速度，只有猎犬与狐狸的对比，看起来似乎要先找到一个支点，才能寻找解决问题的方法。

鹿鸣听完题目发现这是一个行程问题，这个类型的问题牵涉到单位的概念，时间、距离和速度是主要的研究对象。

程俊和狄仁杰通过直觉猜到猎犬肯定能追上狐狸，具体的步骤却还没有琢磨出来。而长孙澹连这一步都没想到，还在步数与时间上打转，他甚至想要让自家的细犬跑一圈计算一下速度，又或者看看它的步距是多少，再进行估算。

房遗爱看到这几人要么暗自思考，要么写写画画，只有鹿鸣坐得很稳，似乎也没考虑问题。他刚才听鹿鸣与长孙澹交谈，感觉鹿鸣对算学的认识应该深刻，便好奇地问道："这位郎君，可是对此题不感兴趣？又或是胸有成竹乎？"

鹿鸣其实已经有了答案，但他不想太出风头，就稳坐不动。可房遗爱这么一问，若是要他撒谎说自己没解出来，也不是他的风格，当即答道："这个……我确实已经有了答案，只是看到他们还在思考，不便打扰。"

众人听到他的话，吃了一惊。长孙澹就有些不信了，道："不可能吧？这么快就解出来了？不知鹿郎君可否为我解惑？"

房遗爱也很好奇，问道："既然如此，郎君不妨说说，若是有偏差，我再来说明。"

鹿鸣不再遮掩，大方地说："那我就献丑了。首先我要说一下，这个题目属于行程问题的一种，所谓行程问题，也就是研究时间、距离和速度的相对关系，这里面最重要的是单位的概念。"

鹿鸣如果直接说解法，他们还不会太吃惊，但鹿鸣谈的是思路，就不由得他们不认真细听了。

"单位的概念不太好理解，拿房郎君这题来说，猎犬和狐狸的速度显然是单位的一种，但从题目中我们得不到这样的单位，只能从时间和距离中去寻找代替品。"

说到这里，鹿鸣低头在地上画出一条直线，又在直线上分出一个线段，指着那个线段说："我们假设这一段是猎犬跑出三步的距离，那么根据题目，这段同样也是狐狸跑出五步的距离。由此，我们可以把这一段假想为15个基础单位，而猎犬每步跑五个基础单位，狐狸每步三个基础单位。这个地方大家都能理解吗？"

其他四人都在点头，鹿鸣的讲法通俗易懂，只要有一点算学基础和逻辑基础就能听懂。

看到大家都理解了，鹿鸣继续讲："距离的单位有了，我们再来看看时间单位。虽然题目中没有说时间单位，但我们仔细看题可以发现，猎犬跑五步的时间，狐狸可以跑七步，这说明它们也在同一个时间段内。"

长孙澹发现了这里好像可以套用上一步的内容，说："那这个也要分为35个基础单位吗？"

狄仁杰看懂了这一步的原理，他说："我觉得不用，时间单位与距离单位不同。"

程俊没有说话，直接听鹿鸣怎么说。

鹿鸣笑道："确实如怀英所言，时间单位不用拆分，因为我们刚才已经得到了每步的基础单位，所以得到单位时间内的步数就够了。"

大家一想确实如此，便都理解了鹿鸣说的内容。

鹿鸣继续在地上边写边说："现在我们有了每步的基础单位，也有了单位时间内的步数，那么将两者相乘，便可以得到单位时间内的速度。"

单位时间内猎犬的速度：

$5 \times 5 = 25$

单位时间内狐狸的速度：

$7 \times 3 = 21$

鹿鸣在地上写下"$\dfrac{25}{21}$"，然后说："猎犬跑25个单位的同时，狐狸可以跑21个单位，那么第一个问题的答案就是猎犬完全可以追上狐狸。我们得到了猎犬与狐狸的速度比，根据速度比，我们同样可以得出单位时间的路程比，这个路程比与速度比一模一样。有了路程比，就很容易得出最后的答案。"

都已经讲到这里了，剩下的已经没有什么难度，照例程俊出来收尾，拿出他的铁箭头笑着说："剩下的没什么难度了，让俺来出出风头吧！因为猎犬的速度是25，狐狸的速度是21，每个时间单位里，猎犬比狐狸多跑四个单位距离。若是以100尺为一个标准单位，就可以算出猎犬需要多少个时间单位才能弥补初始阶段的100尺差距从而追上狐狸。"

$100 \div (25-21) = 25$

程俊说："猎犬需要25个时间单位才能追上狐狸，每个时

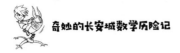

间单位内，猎犬的速度是25，时间乘以速度就可以得出猎犬追上狐狸需要的距离。"

$25 \times 25 = 625$

程俊最后写下答案："猎犬在跑到625尺时就可以追上狐狸。"

杜博士小讲堂

行程问题

行程问题是小学数学一大基本问题（在初中数学与物理中也是非常重要的知识考查点），题型非常多。不说从单人的行程到多人行程的变化，单基础的相遇问题、追及问题便会延展出二次相遇、多次相遇，二次追及、多次追及甚至相遇与追及的综合题型。结合实际的应用，又可再分出环形跑道、火车过桥、流水行船、电梯问题、发车问题、接送问题等。如此繁多的题型，万变不离其宗的关键显然是对路程、时间及速度这三个物理量的理解，以及"相对"的理解与应用。

对路程与时间的理解我们不用多说，因为长度我们量得出，时间看不到摸不到但是可以感觉到，用计时器也可以精准地测量。而速度这个物理量是我们需要好好理解一下的。

速度，是描述物体运动快慢的物理量，等于路程除以时间，公式为 $v = \frac{\triangle s}{\triangle t}$，即速度＝路程÷时间，应该理解为速度是物体单位时间所发生的位移。正如我们熟知的单位时间通常为1秒钟、1分钟、1小时、1天、1年……甚至小说中常提到的一刹那、一弹指、一盏茶、半炷香等都可以理解为"单位时间"，所以这个单位时间仅仅是我们根据需要而定的，相同的长度的标准单位也是可以依情况而定的。这样理解，速度的单位就有许多变化了，比如你打了2个响指的时间A同学跑出1丈远，他的速度便是0.5丈/响指，是不是有些怪异?那我们就直接说他的速度是0.5个单位好了，甚至就说他的速度是0.5。像这样的应用在题目的解答中可会大大简化我们的思维链，可以快而准地解答抽象的题目哦。

如故事中所涉及的场景，我们需要有猎狗与狐狸的速度才能解答，可是故事中根本没有提到，除了一个"追及"距离外，根本没给我们想要的三个物理量。好，那我们就自己造一个"速度"好了。猎狗跑5步而狐狸跑7步，这是发生在相同的时间里，就把这么长的时间设为1份时间吧，猎狗跑3步的距离与狐狸跑5步的距离，方便点就设猎狗每步跑5个单位距离，狐狸跑3个单位距离。这样在1份时间里，猎狗跑25个单位距离（5×5=25），而狐狸跑21个单位距离（3×7=21），我们便清楚地知道了猎狗与狐狸的速度比为25∶21。

速度比知道了，不难理解追及过程中猎狗与狐狸奔跑的路程比自然也是25∶21，那么要求出猎狗所跑的距离就很容易了，由题意我们易得100÷（25−21）×25=625尺。这便是行程问题中，我们对三个物理量的理解与灵活应用，无从下手时换个角度去思考是不是也变得简单了？那么再给同学们两个类似例子去思考。

（1）鹿鸣划着一条小船沿小溪逆流而上，而草帽不慎掉入溪水漂流而下。7分钟后，鹿鸣发现草帽不见立刻掉头去寻找，那么鹿鸣将用多长时间拿到草帽？（假定鹿鸣静水划船的速度

始终不变，且草帽一直漂浮在小溪之上。）

（2）鹿鸣与杜若两人同时从城门前往客栈，鹿鸣一半的时间在走，另一半的时间在跑，而杜若刚好跑了一半的距离，走了一半的距离。如果他们跑和走的速度分别相等，那么谁会先到客栈？

第三十五章

暗处的黄雀

　　鹿鸣展现出了算学上的才能，因此长孙澹和房遗爱都不敢轻视这位新朋友。围猎第一天的自由活动期间，几人都在一起骑马散步聊天，没怎么用心打猎。

　　当日申时末，诸人从外面返回营地，房遗爱提议去太子殿下的营地请安，这也算是与未来皇帝拉关系的方式，其他人当然不会反对，鹿鸣也没意见。

　　这次围猎是太子召集的，参加的人也多以各家的二代为主。比如，长孙澹就是家里的老六，他上面几个哥哥要么已经在外地当官，要么年纪太大不适合这个场合。房遗爱的年纪也不小了，但他现在还未成家，因此参加这类活动也顺理成章——他可能还不知道，皇帝正打算把某个女儿塞给他。

　　众人来到太子殿下的营帐外围。有人上前通报，虽然无须检查，但只有他们五人能通过卫士把守的营门，其他家丁都要在外面等候。

　　太子的营帐除了刺绣花边等常见装饰外，还特意染成了各种颜色——这个年代的染色技术已较发达，但给又宽又长

的布料染色，仍然非
常昂贵。何况还要染
得颜色够正，不能有
一点偏色和变色，非
得有十多年经验的老
工匠亲自动手才行。

头戴红色幞头、足蹬尖底靴，
携带弓韬、胡禄的唐朝仪卫武士

太子的营帐外面
站了20多名守卫，再
度通传之后，才允许
他们进去。

这座帐篷比程家营地的主帐篷还要大，面积近200平方米，内部用屏风分割出了好几个区域。进入帐篷之后，是一块待客区，地面上铺着西域产的羊毛地毯，矮桌、座席和烛台一应俱全。

太子李治端坐在主位矮桌之后，脸上带着一丝疲惫，他今天穿着一身紫色的翻领胡服，没有戴幞头，右手拿着毛笔，左手放在桌上，似乎正在写信。

看到有人进来，李治放下笔，将桌上的纸收进盒子里，端端正正地坐好，这才开口说道："坐吧。诸位今日射猎收获如何？"

鹿鸣觉得与太子见面特没意思，干什么都要规规矩矩的，行走问答都无趣，所以他不怎么开口，于是一边听他们聊天，一边吃吃喝喝。太子招待客人的都是好东西，过油的酥脆肉脯、糖渍果子、西域葡萄干、蒸雪梨块等，饮料是带冰块的三勒浆或酪。

坐了七八分钟，该聊的场面话都说完了，房遗爱和长孙澹很有眼力见儿，知道该走了，于是悄悄给程俊、狄仁杰和鹿鸣打眼色。诸人起身告辞，李治象征性地挽留。诸人再告辞，终于可以走了。

在太子的营帐外，长孙澹与房遗爱要回各家的营地，向程俊、狄仁杰与鹿鸣告别，又约定明日再聚方才上马走了。

程俊与狄仁杰并不急着回去，鹿鸣也东张西望，发现远处有人招手。走过去一看，原来是窦三，他看到鹿鸣过来，便上马引路。三人在窦三的带领下，沿着栅栏走到了另一处营地，门口挂着"窦"字旗，这显然是妙真家的营盘。

妙真骑着马，带着一帮护卫待在营地外面，见到窦三带人过来，就拨转马头。鹿鸣等人连忙打马过去，妙真说："边走边说。"

四人并骑而行，妙真说："明日围猎总出动，太子殿下的猎队在东北，窦家的队伍在南面。我到时邀请小雅公主过来，鹿郎君你随窦三单独来见，程郎君与狄郎君还需在你们队里维持假象。"

鹿鸣问："若是情况有变怎么办？"

妙真指向窦三说："我让他去你帐里传递消息，你明日不要跟大队出发，待在营地等消息即可。"

事先商议得太细也没必要，谁也不知道明日会有什么变化。妙真带着他们走了一段路，勒马停下，用马鞭指向一处木质望楼，说："看那边，小雅公主在望楼上，那块营盘紧挨着太子营地，乃公主专用。"

鹿鸣和程俊、狄仁杰抬头看去，却看不清望楼上的人。

妙真笑道："是远了点，不过无妨，若无意外，明日可见到。"

鹿鸣问："能过去看看吗？"

妙真迟疑片刻，说道："既然如此，那我们装作路过吧，不要停留即可。"

他们一行人转向那边行去，待走到营盘前，望楼上却没人了。楼下有几匹马，其中一匹是五花马，有十分华丽的笼头和金丝马鞍，妙真说那就是公主的坐骑。

路过这处营盘之后，妙真对鹿鸣说："那我差不多该回去了，再给你说一遍明日的安排。明天出猎后，我派人去请公主，同时让窦三去唤你，你过来应该就能见到公主了。"

等鹿鸣表示已经完全了解，妙真这才有空向程俊、狄仁杰寒暄几句，又打听起他们今日见过哪些人。

程俊把今天上午的经过讲了讲，说到最后忍不住吹嘘道："你当时不在，可没看到长孙澹和房遗爱那吃惊的模样——竟然小看俺的眼光——鹿郎君现在可是声名在外了。"

狄仁杰看到程俊这么欢脱的样子忍不住打趣道："这跟你的眼光有什么关系？分明是鹿郎君自己学问好。"

程俊不依，揪住狄仁杰的缰绳说："怀英你怎能如此揭俺老底，这里都是俺朋友，吹个牛又怎的了？"

妙真哈哈一笑道："你俩别闹了，鹿郎君声名远扬，我们都沾光。不过，长孙澹也就罢了，房遗爱这人虽与处侠性格相似，但更贪玩，还是不要深交为好。"

狄仁杰若有所思，程俊却气得吹胡子瞪眼道："何为与俺性格相同？那厮可不如俺实诚！莫要坏了俺名声。"

鹿鸣不习惯被人这样夸赞，只是在一边嘿嘿笑着，这次唐朝之旅，倒是别有一番收获——增添了他的几分信心，可见"夸奖促人进步"不是虚言。

聊了一阵，互相了解了近日的状况，妙真看看天色将暗，告辞后骑马回窦家营地去了。鹿鸣回头看了看公主的营地，想着不出意外明天应该就要结束这次的唐朝之旅，心情十分复杂。

就在鹿鸣回头张望时，营地中也有一个人正打量着他们三人。这人穿着灰色的袍子，头戴毡帽，一副下人的打扮。他看着鹿鸣骑马远去，黝黑的脸上神色淡然，鼻子里哼了一声。他听到后面传来脚步声，立刻低头变成猥琐的模样。

后面来人看到他站在这里，不悦地上前拍拍他肩膀说道："哑奴，你这家伙又在偷懒。下次再看到你偷懒，我可不袒护你，老爷赏你鞭子莫要怪我。"

哑奴回头连连拱手求饶，嘴里啊啊作声，来人看到他这样，十分无奈地说："行了行了，就知道求情，怎么不勤快点。要不是看你是个会养马的，早就把你开革出门了。"

哑奴又啊啊地比画，那人不耐烦地摇摇头说："别跟我比

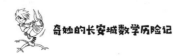

躲藏在军营暗处的哑奴

画了，去把晚上的豆料备好，五花骢要是饿着了，非剥了你的皮不可。"

哑奴不再比画，连连点头，提起脚边的木桶，往草料堆走去。他从草料堆里按比例抱出干草与豆粕进行混合，这些都是喂马的食料。四下无人，他一边做事一边暗自琢磨，费了极大的心血，耗尽了几年来攒下的人脉和暗桩，好不容易潜伏到了这次围猎大会里，如果不能一次成功，以后不可能再有这样的机会了。

想到这里，他似乎下定了决心，"呼呼"地笑了两声，提起草料桶转身走向马棚。

第三十六章

电光雷鸣

翌日。

清晨起来时天气尚好，鹿鸣和程俊、狄仁杰一起吃了朝食，又在营地里行走散步。三人聊起今日的围猎安排，程家和狄家的队伍安排在西方，和太子、窦家几乎呈三角形鼎立。长孙家的长孙澹和房家房遗爱，昨天说好一起，他俩的位置安排在西北方，来往倒也方便。

狄仁杰觉得鹿鸣身边应该有人使唤，想留下几个骑手帮衬。鹿鸣考虑到时空传送的事知道的人越少越好，也不习惯人伺候，于是就婉拒了。鹿鸣想到没法与两位好友正式告别，很是说了一些没头脑的话，程俊一度以为他病了。

只有狄仁杰似乎猜到了什么，他临出发前悄悄拉着鹿鸣的手说："若有何变故，速派人来，吾即亲至。"

鹿鸣想了想，从荷包里掏出三枚纪念金币，放到狄仁杰手上，将他的手合起又拍了拍，说道："怀英你素来稳重，我当初落水住进你家打扰，承你关照。如今我将这三枚纪念币交付于你，一枚自留，其余两枚替我转交处侠和妙真吧。"

　　狄仁杰眼眶微红，点点头将纪念币收入袋中，牵起缰绳，转头说："鹿郎君，与你相识，吾甚幸也。山高水长，望君珍重。"

　　狄仁杰言罢，上马绝尘而去，再未回头。

　　众人离去后，营地内瞬间变得空荡荡的，满营人气似乎顷刻散去，顿时显出一股萧瑟之气。连老天似乎也在表示惋惜，原本晴朗的天空逐渐布满了乌云。

　　鹿鸣站在营门前呆立片刻，回营来到马棚，轻轻抚摸着火骝的鬃毛，将它牵到自己帐篷前拴住，从帐篷里拿出一个胡凳，坐在帐前望着营门，耳边似乎回响起昨日的人声与马嘶。

　　坐了大约半个时辰，鹿鸣等得心焦，起身走了两圈。看到火骝瞪着大眼睛看着他，他笑了笑说："火骝啊火骝，我沉不住气，让你见笑了。"

　　想了想，鹿鸣去马棚抓了两把大豆料，回来喂给火骝吃。两把大豆料还没喂完，营门前就传来了马蹄声，很快窦三骑着马出现，下马行礼道："鹿郎君，某奉命来请。"

　　鹿鸣把剩下的豆料一扔，解开缰绳骑上火骝就往窦家营地跑，窦三在后面追着喊道："鹿郎君，营地无人，且随我南行。"

　　且不说鹿鸣在窦三带领下前往南方打猎地。妙真派人去请小雅公主，派去的人却扑空了，营地里竟然找不到小雅公主。待内侍和女官清点人数，这才发现养马的哑奴也不见了。

　　让我们把时间调回到半个时辰之前，小雅公主也就是杜若正在帐篷内等待消息，她在矮桌前来回踱步，惹得桌上的白猫颇为不满，喵喵地叫个不停。

过了一会儿，白猫看到杜若没有搭理它，顿时非常生气，正打算做点什么，却闻到一股好闻的味道。它忍不住蹦下桌子，迫不及待地往帐篷外跑去。

"咪咪你到哪儿去？"

杜若看到白猫往外跑，担心它跑丢了，或者被猎犬、猞猁什么的欺负，慌忙跟着跑出去，却看到咪咪往马棚的方向去了。

她来到马棚，看到白猫正趴在地上舔东西，连忙上前制止："咪咪不要乱吃东西！"

突然从马棚里钻出一个胡人，他对杜若比画着，嘴里啊啊喊个不停。杜若停了脚步，看向对方，这人看起来40多岁，脸色黝黑，留着络腮胡子，看不清具体的长相，似乎是个哑巴。

地上摆着一个浅碟，里面有一些不明液体，白猫正舔得带劲。杜若去把它抱回来，它还不高兴地喵喵叫着。那浅碟里的味道，杜若闻到了一点，应该是薄荷酒。

哑奴对杜若比画了一阵，好像又想起什么，从腰带里摸出一张皱巴巴的纸，递给杜若，嘴里"阿巴阿巴"地不知说什么。

杜若犹豫片刻，接过纸片，展开一看，上面写着歪歪扭扭的字：

此人能带你见我。

鹿

这上面写的与计划不符，昨天妙真对她说的可不是这样——不过她似乎想多了，以为鹿鸣是想避开他们。这时候，杜若还不知道鹿鸣能带她回家，但以对爷爷杜博士的了解，鹿鸣能来到唐朝，肯定是为了找她，所以她很想见到鹿鸣后问问怎么才能回去。自从她来到唐朝之后，没有哪一天不想回去的。那天一发现鹿鸣也来了，她原本破灭的希望又复活，难免激动过头。

这时候，原本晴朗的天空逐渐变暗，大雨将至。哑奴从马棚里拿出一袭蓑衣交给杜若，又牵出一匹普通的马。杜若犹豫片刻，想要快点见到鹿鸣的心情占了上风，于是穿上蓑衣，戴上斗笠，把白猫放在马鞍上，翻身上马。哑奴来到昨天已经做好手脚的栅栏边，搬开障碍物，将马牵了出去。

回到半个时辰后，营地里找不到小雅公主可是大事，且

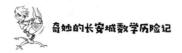

不说他们如何向太子汇报。妙真派去的人回报说小雅公主失踪的时候，鹿鸣就在旁边。她顿时想到了曾经袭击过妙真的那些死士，还有那个见过两次的阿史那博庆。

妙真还想向传信人问问细节，鹿鸣却不想等下去，快步跑出营帐，骑上火骝就跑。妙真在后面追出来大喊："你到哪儿去？"

却只听到鹿鸣答道："声东击西，调虎离山。"

旁边窦三问道："鹿郎君的意思莫不是，之前袭击妙真郡主是假，真正的目的是在小雅公主身上？"

妙真气极，道："这时候说什么废话！还不去追！"

鹿鸣一路狂奔回到程、狄两家的营地，这里似乎一如他离去之时。当他下马进入自己的帐篷时，却在桌上发现了一张皱巴巴的字条，上面歪歪扭扭地写着：

想要见到公主，来西南边的土丘。

字条上并没有让鹿鸣一个人来，因为写下这些字迹的人，希望事情闹大。鹿鸣却以为只让他一个人去，因此没有回去叫人，转身上马往西南方跑去。

当他离开营地时，营地里的旗帜在大风中猎猎作响，天空中阴云密布。当他离开大营进入野外时，昏暗的天空已经开始掉落雨滴。等他进入西南方的树林，这时早已大雨倾盆，乌云中还有雷蛇飞舞，霹雳声震耳欲聋。

鹿鸣冒着大雨驱赶火骝狂奔，在这种天气和地形中高速行进是非常危险的，加上鹿鸣骑术并不好。幸好火骝神骏聪慧，即使鹿鸣操控不及时，它仍可以依据本能挑选较为平缓的地面奔驰。

跑了十多分钟，鹿鸣眼前出现了一座土丘，这座丘陵在一片平原中显得非常醒目，丘陵顶端隐约有三两个穿着蓑衣的人，另外还有几匹马。

火骝带着鹿鸣登上小山坡，山坡顶上有一片空地，中间有一座枯死的树桩，树桩上绑着杜若——白猫和杜若被捆在一起。

树桩旁不远处站着三个蓑衣人，远处的矮树桩上系着四匹马。为首的蓑衣人看到鹿鸣骑马而来，顿时露出了得逞的微笑。

鹿鸣飞身下马，快跑两步，看着被绑在树桩上的杜若，确认了公主就是自己要找的人。

杜若看着鹿鸣，两人相顾无言，旁边响起了为首的蓑衣人的声音："怎么只有你一个人？"

鹿鸣转头看去——斗笠的阴影下看不清人脸，但听声音就知道是谁："阿史那博庆，你为什么要这么做？"

阿史那博庆举起手中的弯刀，冷笑道："你知道又有什么用，我的目的已经达到了。大唐皇帝最宠爱的公主现在在我手上，我随时可以让他痛不欲生！"

鹿鸣还没出言反驳，他身后两个襄衣人之一说话了："等等！我们当初可不是这么说的！"

第三个人也说道："就是，当初说好了只抓人不杀人的，你怎么出尔反尔？"

鹿鸣听出了这两个人的声音，想到李淳风对他们的评价，顿时有了一个想法，他说："你们是韩氏兄弟？你们糊涂啊，为什么要跟着阿史那博庆做这等事？"

韩文吉默不作声，韩文俊气冲冲地答道："大唐欲灭我国，难道就不许我等反抗？"

鹿鸣想着若是狄仁杰在此会怎么说，于是嘴上道："大丈夫为人处世怎可迁怒于女子？两国交战尚且不斩来使，可你们绑架无辜女子，更要害她性命。若真有为国之心，怎不见你上阵厮杀？"

这番话义正词严、堂堂正正，顿时让韩氏兄弟羞愧难当，韩文俊流泪答道："我等空有报国之心，可国君昏庸，并不信任我韩氏，报国无门啊！"

韩文吉较为冷静却也语带哽咽："别说了。二郎，鹿郎君说得对，我等愧为男子，怎可将刀刃相对于女子之身，吾错矣！"

阿史那博庆听着，发现情况不对——这鹿鸣年纪轻轻却很会挑拨人心，三言两语就让韩氏兄弟后悔参与此事，他不禁暗骂这两个废物真是没用。他不能再让鹿鸣继续说话，抬手刀光一闪，弯刀放到了杜若脖子上。

"都别废话了！"阿史那博庆大吼一声，左手指着鹿鸣，"你，把武器扔了，老老实实过来。"

鹿鸣抬起手示意自己没带武器，说："你不要冲动，我这就过来。"

阿史那博庆用杜若的性命相威胁，鹿鸣和韩氏兄弟都不敢乱动。韩氏兄弟按阿史那博庆的要求，将鹿鸣与杜若肩并肩地捆在一起，拉绳时稍微用力了点，勒得白猫喵喵直叫。

此时雨势稍缓，雷声却更大，乌云压顶，雷光闪动，恍如末世。韩文吉抬头看罢，对阿史那博庆说："这土丘高于平原，若有雷击，此处危矣。不如将他们解开，绑于别处。"

不管他怎么说，阿史那博庆就是不允，韩氏兄弟无奈，借着机会替鹿鸣稍微松了一丁点绳子，便撤到较低处避雷。

鹿鸣看韩氏兄弟站得稍远，小声地安慰杜若说："小若别怕，等会儿咱们就能回去。"

阿史那博庆并没离开，虽然刀子没放在杜若脖子上，却也没收回鞘里。听到鹿鸣的话，他笑道："两个娃娃还在做梦，我实话告诉你们，我本想亲手结果了你俩，谁知道老天相助，等会儿就让你们被雷劈死吧。哈哈哈哈！"

远处，韩文俊对韩文吉说："大郎，你看他们能活下来吗？"

韩文吉摇头道："怎么可能。唉，虽不是我们动手，却也担上了人命，心里有愧啊。"

韩文俊望向山丘顶端，喃喃道："若是雷劈不死，我豁出命也要救他们。"他明知道这是不可能的，或许只是给自己一个安慰的理由罢了。

猛地一个响雷在山顶响起，阿史那博庆吓得一哆嗦，慌忙退开几步，又将手上的刀子收起来。

杜若的脸上已经分不清是眼泪还是雨水，她哭着说："小鸣哥哥，对不起，是我害了你。"

"喵。"白猫也安静下来，似乎已经知道将要发生什么。

鹿鸣一直在偷偷挣扎，刚才韩氏兄弟下去前给他稍微松了松绑绳，要不是他们心存善意的这一举动，他根本抽不出手来。挣扎了一会儿，左手勉强能抽动了，鹿鸣稍稍放松，这才安慰道："放心吧，我答应过杜爷爷一定会带你回去！"

头顶又是一声巨响，阿史那博庆吓得一屁股坐在地上，他慌忙爬起来，连赶几步走到距离韩氏兄弟十步外的空地上，距离山丘顶的树桩已经有40多步距离。

听到雷声隆隆，看到头顶雷蛇窜动，鹿鸣猜测雷击随时会来，连忙抽出左手，将手举高，露出手环。

阿史那博庆离得远，天色昏暗看不清楚，只看到鹿鸣举起手，顿时笑道："这小子是想让雷只劈他一个人吗？我特意将你们绑在一起，死就死在一块儿吧！"

韩文俊看到这一幕也和阿史那博庆一样想法："唉，鹿郎君是个好男儿啊，宁愿自己先死，也要护得女子周全。"

韩文吉扭头道："二郎别说了，我……我看不下去。"

就在此时，一道手腕粗的天雷从天而降，眨眼间就劈在山丘顶上。雷光闪动间无人能看清真相，只见雷光威势震天，却在树桩上戛然而止，只有雷声滚滚证明刚才确实有雷。

且不说鹿鸣险死得生。半坡上三人目瞪口呆，头上仿佛瞬间冒出无数问号。

"方才发生了什么？"

"那么粗的一道雷，哪儿去了？"

"这小子会妖术？"

鹿鸣半信半疑只能死马当活马医，雷光闪动时闭上了眼睛，耳边只听到杜若哭喊着："我不想死呀，爷爷！"

雷光消失后，鹿鸣只觉得手腕发麻，显然雷击还是造成了一些微不足道的伤害，比真的劈在身上弱了千百倍。

杜若等了半晌，发现自己没死，睁开眼睛，奇怪地打量着："哎？没死？我没死？小鸣哥哥，你也没死！太好了！"

"喵喵喵！"

山坡下三人百思不得其解，正要上去看看，却看到又一道雷劈下来，这次还是同上次如出一辙，半路就没了！

"神了！"

在电闪雷鸣的天气中，鹿鸣启动了手上的装置

韩文俊猛地一拍大哥的肩膀，把他大哥拍得一个趔趄，他又拉住大哥韩文吉低声说："大郎，鹿郎君有天命在身啊！我等不可浪费良机，理应速速倒戈，免得与那胡奴同遭天谴！"

鹿鸣此刻看到了韩氏兄弟窃窃私语，趁此机会大喊道："韩氏兄弟，此时还不速速反正！你们非要与那厮同为齑粉吗？"

阿史那博庆正在震惊于雷光无效，听到鹿鸣喊声扭头一看——韩氏兄弟已经抽出刀剑逼到自己身侧了。他还未将弯刀拔出来，就被韩氏兄弟的刀剑压在肩头。

"啊！可恶！你们两个蠢货！"

阿史那博庆骂骂咧咧地被韩氏兄弟捆了起来，韩文俊又撕了一块布将他的嘴塞上，免得听他污言秽语。

韩文吉将鹿鸣和杜若解开，鹿鸣连忙拉着他们走到半坡处。鹿鸣的手环已经接了两发天雷，杜博士说最多三发就超载，可他不敢赌这最后一发，还是躲一躲为好。

韩氏兄弟既然已经跳反，只能一条路走到底。见此情形，鹿鸣心知有点麻烦——若是他立刻开启道标，一走了之，韩氏兄弟没有人做证，阿史那博庆反咬一口，他们怕是要遭殃。

这次若是没有韩氏兄弟帮忙，鹿鸣和杜若肯定被雷劈死，他不可能就这么丢下韩氏兄弟不管。

正在为难间，远处奔来一队人马，近了听到有人喊："鹿郎君！鹿郎君安否？"

喊鹿鸣的肯定是程俊和狄仁杰——其他人肯定是更担心公主。等他们走近，果不其然程俊和狄仁杰带着家丁护卫狂奔过来。

双方见面分外激动。程俊和狄仁杰在围猎场收到妙真派人通知，他们先回了营地寻找鹿鸣，发现了鹿鸣帐篷里的字条，于是他们带上武器弓箭立刻就赶来了。

鹿鸣顾不上其他的事，拉着程俊和狄仁杰来到一边，把韩氏兄弟跳反的事情讲了，希望他们能为韩氏兄弟做证。

程俊拉着鹿鸣的手说道："放心吧！那兄弟俩救了鹿郎君的性命，等于救了俺的性命。这事包在俺身上！"

狄仁杰看看杜若，又看看鹿鸣，问道："何时出发？"

鹿鸣看看杜若，对狄仁杰答道："马上就走，没想到还有机会与两位兄长告别，真是幸运。"

程俊一头问号："走什么？去哪儿？带俺一个。"

鹿鸣感到非常对不起程俊，但他时刻担心太子殿下随后赶到——万一太子来了，把他和杜若分开，事情就难办了。所以他想趁此机会赶紧开启道标走人。

狄仁杰也想到了这个问题，他对程俊说："十一郎，这事容后再解释，先让鹿郎君说。"

鹿鸣拉着程俊和狄仁杰的手说："我来到大唐，得遇两位兄长，是我的幸运。如今我就要走了，也不知道今后能否再见，愿两位兄长多多保重。另外，请转告妙真，未能与她当面告别，是我永远的遗憾——但我不能等下去了，请

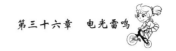

原谅。"

程俊还是莫名其妙，但他知道鹿鸣要走，好像是要去很远的地方，一时间不知如何是好。

狄仁杰答应替鹿鸣转告，从袋中取出纪念币，将有程俊头像的一枚交给他本人，另一枚有妙真头像的暂且留着。

鹿鸣捏捏程俊的大手，说："时间紧迫，我得走了，我知道处侠心里肯定有无数疑问，但我已经无法解答，请怀英替我解释吧。"

说完，鹿鸣转身拉着杜若走上山坡。两人一猫面向众人，抬头看到远处有大队人马赶来。此刻雨势和风势已经变小，远看旗帜是李字大旗，应该是太子来了。

鹿鸣见状连忙抬手启动时空道标，右手拉住杜若，杜若则抱紧了白猫。

太子的车驾迅速赶来，妙真和他一同赶到。他们飞身下马，快步跑来，却看到天空中云气盘旋，旋涡中探出一道白光。

那白光仿佛蠕动得十分缓慢，但就在一瞬间，猛然一闪，土丘上白光闪过，两人一猫消失不见，留下的最后一道残像是他们招手告别的样子。

半个时辰后，现场已经被大队军士包围，阿史那博庆和韩氏兄弟都被带走调查。

山丘顶上，妙真摊开手，手心里放着一枚印有她头像的纪念币，反面刻着"大唐贞观十九年留念"和"鹿鸣制"

字样。

妙真慢慢握拳，将金币捏在手心，抬头看向天空，旋涡早已消失，只留下一片空洞的天空。

几天后。

一只兔子从远处跑来，鼻头耸动，很快向着被雷劈过的树桩跑去。就在它即将靠近树桩时，突然浑身抖动起来。兔子翻身滚下山坡，半晌才清醒过来，迷茫地眨巴着眼睛，下意识地远离了这里。

山丘上又恢复了寂静，天空中云卷云舒，似乎又有一处旋涡云正在生成。

参考文献

钱穆著：《中国通史》，天地出版社 2017 年版。

（后晋）刘　著：《旧唐书·李淳风传》，中华书局 1975 年版。

梦远著：《印度数学与孙子算经》，天津科学技术出版社 2019 年版。

（明）程大位著：《算法统宗》。

（宋）宋敏求撰，（元）李好文绘，阎琦等校点：《长安志　长安志图》，三秦出版社 2013 年版。

[美] 斯坦利·威斯坦因著，张煜译：《唐代佛教》，上海古籍出版社 2015 年版。

森林鹿著：《唐朝穿越指南》，北京联合出版有限公司 2017 年版。

森林鹿著：《唐朝定居指南》，北京联合出版有限公司 2017 年版。

贺从容著：《古都西安》，清华大学出版社 2012 年版。

《唐长安城设计》，陕西旅游资料网。

《唐朝数学教育》，人学研究网。